"烽火惠农"智能植保服务平台

"烽火学苑"系列丛书

蔬菜常见病虫草害的识别与绿色防控

张　锦　张　智　张云慧　祁俊锋　林聪田　王江宁　编著

韩慧敏　佘小玲　顾问

中国农业科学技术出版社

图书在版编目（CIP）数据

蔬菜常见病虫草害的识别与绿色防控 / 张锦等编著. -- 北京：中国农业科学技术出版社，2022.9
ISBN 978-7-5116-5890-6

Ⅰ. ①蔬… Ⅱ. ①张… Ⅲ. ①蔬菜—病虫害防治 Ⅳ. ① S436.3

中国版本图书馆 CIP 数据核字（2022）第 154107 号

责任编辑 姚 欢
责任校对 王 彦
责任印制 姜义伟 王思文

出 版 者 中国农业科学技术出版社
北京市中关村南大街 12 号 邮编：100081
电 话 （010）82106631（编辑室）（010）82109702（发行部）
（010）82109709（读者服务部）
网 址 https：// www.castp.cn
经 销 者 各地新华书店
印 刷 者 中煤（北京）印务有限公司
开 本 170 mm × 240 mm 1/16
印 张 17.75
字 数 350 千字
版 次 2022 年 9 月第 1 版 2022 年 9 月第 1 次印刷
定 价 128.00 元

作者简介

张　锦： 中国科学院大学理学博士，现工作于北京绿富隆农业科技发展有限公司，主要从事高经济价值蔬菜新品种选育、品质提升，以及设施蔬菜病虫害绿色防控技术等研究，负责公司科技战略制定及科技创新工作，主持多项研发工作，设计并负责“烽火惠农”智能植保服务平台项目。

张　智： 中国农业科学院博士，现工作于北京市植物保护站，正高级农艺师，北京市科普工作先进个人，主要从事农作物病虫害监测预警工作，在昆虫雷达监测、害虫识别、病虫害预测预报等方面具有丰富经验，先后发表论文 40 余篇，著有《北京蝴蝶观赏手册》《麦田害虫及天敌图鉴》等。

张云慧： 中国农业科学院博士，现工作于中国农业科学院植物保护研究所，研究员，主要从事黏虫、草地贪夜蛾、草地螟等重大迁飞性害虫的监测预警、预测预报，以及小麦主要害虫的生物学、生态学和综合防控技术研究。

祁俊锋： 现工作于北京绿富隆农业科技发展有限公司，中级农艺师，主要从事蔬菜新品种引种及种植等工作，主持完成 2019 年世园会百蔬园建设配套支撑项目（百蔬园配套保障基地建设项目），参与北京市农业产业技术体系果类蔬菜创新团队、国家大中蔬菜产业技术体系、华北高寒区一体化安全生产技术建设与推广等项目研究，在产业推广工作中表现突出，被评为先进个人。

林聪田： 中国科学院博士，现工作于中国科学院动物研究所，工程师，参与中国科学院 A 类先导专项、中国科学院信息化专项、生态环境部重点项目及科技部基础资源调查专项等课题，是深度学习技术及应用国家工程实验室认证的“飞桨开发者技术专家”。主持中国生物物种名录、野生动物智能监测系统等平台建设，支撑生态环境部、林草局、外交部等部委的重大活动与决策。

王江宁： 中国科学院博士，现工作于中国科学院动物研究所，助理研究员，主要从事昆虫图像识别、生物多样性信息学、昆虫分类学研究，近 5 年发表 SCI 论文 2 篇，中文核心期刊论文 2 篇，其他国际国内会议及期刊论文 3 篇。

前 言

一粒种子要变成人类餐桌上的美食并非易事，从发芽到生根、生长、开花、结果等各个生育期几乎都需要与病虫草害斗争，安全闯过层层关卡才会结出丰硕的果实，否则，就可能沦为病虫草害的战利品。在农作物与病虫害的战争中，植物保护工作发挥着至关重要的作用，植保工作者是各类植物的专职医生，从发现、诊断到治疗，时刻心系植物，可以说是作物生长过程中地地道道的守护天使。目前，种植业许多从业者多为新型农民或 60 后，虽然充满情怀，但普遍缺少病虫草害的识别防控经验和相关技术，当农作物病虫害不能被精准识别时，常常导致盲目用药甚至打“放心药”“保险药”，从而引发“毒豇豆”“毒韭菜”等问题，使人们常谈“药”色变。近年来，党中央、国务院高度重视农业生产和粮食安全，习近平总书记指出地方各级党委和政府要扛稳粮食安全这个重任，党政同责，确保重要农产品特别是粮食供给安全，要把中国人的饭碗牢牢端在自己手中。北京正在打造现代都市型农业，虽然总体种植面积不大，但特色蔬菜种类繁多，因此，涉及的病虫草害种类多样，对从业者开展病虫草害防控工作提出了更高的要求。

病虫草害识别是开展绿色防控的重要基础。如果有一款智慧植保软件（App）能让生产者拿着智能手机拍照就可获知是什么病虫草害、有什么发生特点、打什么药，等等，将极大促进病虫害绿色防控工作的开展。北京绿富隆农业科技发展有限公司以“科技兴农、绿色发展”为宗旨，长期坚持“专注有机农业，引领绿色生活”，在延海协作等相关专项资金的支持下，充分利用自身优势，瞄准国家农业绿色发展需求，紧盯科技发展前沿，联合多家单位或部门，采用人工智能深度学习技术，开发出“烽火惠农”智能植保服务平台。在我国古代，燃起烽火预示战事出现。以“烽火惠农”为平台命名，体现了项目团队对其在病虫草害监测防控中的深厚期望：一是寓意病虫害防控是一场需要引起高度重视的“夺菜大战”；二是该平台由“长城脚下，妫水河畔”的延庆儿女主导开发，如此命名，既突出地域特点，也希望它成为市民“菜篮子”健康长城上的烽火台，

在“蔬菜保卫战”中发挥出预警功能，促进绿色防控服务发展；三是希望借“烽火”喻义，以智能植保服务的星星之火引燃农业标准化工作的“燎原之势”，推动产业升级。

2022 年 1 月 29 日，经过为期近 1 年的努力，北京绿富隆农业科技发展有限公司在延庆中关村产业园成功召开了“烽火惠农”智能植保服务平台发布会。目前“烽火惠农”已实现对 23 种设施常栽果蔬上的常见病虫草害进行智能识别，模型准确率可高达 95%；根据识别结果可进行植保知识查询、专家咨询、防治策略制定和线下植保服务等，在全国用户已超过 2 000 人，覆盖 13 个省（自治区、直辖市）的近百个园区，为进一步推广奠定了基础。

在“烽火惠农”App 开发过程中，团队收集了大量的病虫草害图像数据及最新的病虫害防控进展，为进一步提升从业人员专业素质，团队成员将其进行整理，形成了《蔬菜常见病虫草害的识别与绿色防控》。本书内容涉及约 30 种蔬菜作物，收集了 39 种病害、34 种虫害、42 种草害，重点描述了病虫草害的危害特征、发生规律及其防治方法，既可配合“烽火惠农”智能植保服务平台使用，也可独立用于科普植保知识，亦可为植保工作者提供参考，是一部植保知识科普及应用工具书。本书在整理、编写、出版等过程中得到了北京绿富隆农业科技发展有限公司的大力支持，中国科学院植物研究所、中国农业科学院植物保护研究所、中国农业大学、北京农学院等单位的专家提出了许多中肯意见，对本书的成书起到了至关重要的作用，在此一并表示感谢。

鉴于编者水平有限，书中难免存在不足之处，望广大同仁及读者批评指正。希望本书的出版发行及“烽火惠农”平台的推广应用能为行业标准化工作的推进及产业升级作出更大的贡献。

编著者

2022 年 8 月

目 录

“烽火惠农”介绍

病 害

虫　害

杂　草

3
科学的
防治服务
专业的
植保知识
智能的
植保帮手
烽火惠农
助力农业绿色发展

“烽火惠农”介绍

1 “烽火惠农”

概 述

“烽火惠农”App 是一款通过大数据与人工智能结合形成的综合性智能植保服务平台，极具专业特色。开发团队瞄准国家农业绿色发展需求，在中国科学院植物研究所和动物研究所、中国农业科学院植物保护研究所、北京市植物保护站、延庆区农业农村局等多家单位的技术支持下，运用最新的图像深度学习算法，将北京地区的病虫害发生规律作为优化条件，构建出高准确率的自动识别模型，开发出融合病虫草害智能识别、天敌昆虫识别、植保知识查询、专家咨询、防治服务等五大功能于一体的“烽火惠农”App。除上述专业化的服务功能外，平台还兼具知识科普、文件宣贯、技术推广等功能，以便更好地适应《农作物病虫害防治条例》的要求和新的工作形势。未来，开发团队会不断努力，将“烽火惠农”打造成为“三好平台”，即：农业主管部门决策的好参谋、农业生产者的好帮手、病虫防控企业的好管家。

下载与安装

使用微信扫描二维码，在浏览器打开，即可下载安装“烽火惠农”App。

1. 扫描二维码

2. 在浏览器中打开

3. 点击下载按钮

扫描安装界面（1）

4. 点击安装

5. 安装完成

扫描安装界面（2）

运行与注册

在 App 登录页面，根据页面提示填写手机号、获取验证码、勾选用户协议后，点击登录按钮，登录成功即可进入首页。此外，还可以选择点击微信或 QQ 登录。

运行画面

手机验证码注册

登录成功

手机登录页面

界面介绍

“烽火惠农”App 包括 5 部分。第一部分为登录的时间、地点、天气窗口，番茄图片为背景。第二部分为搜索窗口，可以搜索作物病虫害等基础知识。第三部分为主体，左侧为拍照识别按钮，右侧为 App 主要功能按钮。第四部分为科普宣传部分，包括各类资讯和技术科普文章等。第五部分为便捷工具，中间为“智能识别”拍照按钮，左侧为“首页”“附近”，右侧为“种植”“我的”。

界面介绍

智能识别

点击首页上方“智能识别”或底部“智能识别”图标，拍照或选择相册图片页面，进入图片裁剪界面，选定识别区域后，点击右上角的“√”，之后进入选择模型界面，根据计划识别的蔬菜种类选择相应的模型后，就会自动得到识别结果。

图片裁剪

选择模型

识别结果

智能识别及识别结果

植保服务

植保服务界面如下。

植保服务

植保知识

植保知识界面如下。

植保知识

咨询专家

咨询专家界面如下。

咨询专家

小程序

进入微信——点击“发现”——点击“小程序”——搜索“烽火惠农”即可打开，也可使用手机微信扫描下方小程序识别码注册使用。小程序适用于所有手机系统。

小程序码

病　害

2 灰霉病

概 况

灰霉病是冬季保护地蔬菜生产中的一种常见病害，以冷凉地区为主。

病 原

病原为灰葡萄孢 *Botrytis cinerea* Pers.，属子囊菌门葡萄孢属真菌。菌丝无色，菌丝生长后期产生菌核。分生孢子梗数根、具隔膜、淡褐色。分生孢子椭圆形，单胞，近无色。

危害特征

椒类灰霉病

叶片受害，现半圆形至近圆形淡褐色轮纹斑，病部腐烂，部分长出灰色霉状物。茎秆和叶柄染病，产生灰白色霉状物，病枝向下蔓延至分杈处。花器染病花瓣呈褐色，水浸状，上密生灰色霉层。果实染病幼果果蒂周围局部先产生水浸状褐色病斑，逐渐扩大后呈暗褐色，凹陷腐烂，表面产生不规则轮状灰色霉层。

椒类灰霉病（A：危害叶片；B：危害茎秆）

椒类灰霉病（危害果实）

豆角类灰霉病

主要危害叶片、茎蔓、花和豆荚。下部茎蔓先出现症状，病斑深褐色，病斑的中部呈淡棕色或浅黄色，干燥时病斑表皮破裂成纤维状，湿度大时上生灰色霉层。有时病原更易从茎蔓分枝或叶柄脱落处侵入，形成凹陷水浸斑，整个植株逐

豆角类灰霉病（A：危害叶片；B：危害果实）

渐萎蔫。危害花和豆荚时，先从败落的花侵染，后扩展到豆荚，病斑初淡褐色至褐色后软腐，表面生有灰霉。危害叶片时，病斑较大，有时有轮纹，后期易破裂，有灰色霉层，但是比茎蔓和豆荚上的霉层要稀疏很多。

番茄灰霉病

主要发生在花期和结果期，可危害花、果实、叶片和茎。幼苗发病叶片和叶柄上产生水浸状腐烂，之后干枯，表面产生灰霉，严重时可扩展到幼茎，使幼茎产生灰黑色病斑，腐烂折断。叶片发病，叶尖开始出现水浸状浅褐色病斑，病斑呈“V”形，向内发展。潮湿时病部长出灰色霉层，边缘不规则，干燥时病斑呈灰白色。茎部发病初期产生水浸小点，后扩展成长条形病斑，高湿时长出灰色霉层，上部植株枯死。果实发病主要在青果期，先侵染残留的柱头或花瓣，后向果面和果梗发展，果皮变成灰白色、水浸状、软腐，病部长出灰绿色绒毛状霉层，后期病部产生黑褐色鼠粪状菌核。花萼发病后变为暗褐色，随后干枯。

番茄灰霉病（A：危害叶片；B：危害果实；C：危害茎秆）

茄子灰霉病

苗期和成株期均可发病，危害果实、叶片和茎部，但主要危害果实。苗期发病，茎秆缢缩变细，或顶芽变色呈水渍状，严重时，植株死亡。成株期发病，叶、花、果均可受害。叶片受害多从叶尖或叶缘开始，初呈褪绿水渍状，后向叶内扩展，形成“V”形病斑。花器受害，花瓣萎蔫。果实受害，多从果实与花瓣

茄子灰霉病（A：危害幼果；B: 危害叶片；C：危害果实）

粘连处开始，或直接从花托处侵入，初呈水渍状，最后褐腐，病健交界部分明显，不会自然脱落；湿度大时，叶、果、花器等均可长出灰色霉状物。

草莓灰霉病

主要危害花器和果实，也危害叶片、叶柄、花柄等。花器发病时花萼呈水渍状针眼大斑点，后扩展成近圆形或不规则形病斑，逐渐延伸到子房及幼果，最后幼果形成水渍状病斑，潮湿时迅速软腐，产生灰褐霉层。果实发病多在青果上，开始果顶呈水渍状病斑，后发展成褐色病斑，湿度大时病果湿软腐烂。空气干燥时病果呈干腐状，果实提早脱落。叶片发病始于叶基，呈水渍状小斑点，后向外扩展成圆形、半圆形、近圆形或不规则灰褐色大病斑，最后蔓延到全叶，叶片腐烂、枯死，病部常产生灰褐色霉状物，发病后期易引起早期落叶。

草莓灰霉病（A：危害果实；B：危害成熟果实）

黄瓜灰霉病（危害瓜条和茎秆）

黄瓜灰霉病

危害黄瓜的花、瓜条、叶、茎。花部感病，多从半萎蔫的雌花侵入，致花瓣腐烂，并长出灰褐色霉层。随着病情的发展，逐步向幼瓜扩展，被害花和幼瓜的蒂部初呈水渍状，褪色，后逐渐变软、萎缩、腐烂，表面密生灰褐色霉状物，最终花瓣枯萎脱落。

其他部位发病较少，一般是被脱落的烂花、烂瓜或病卷须附着，引起茎、叶片发病，发病部位常见残花。叶部病斑初为水渍状，后为淡灰褐色，形成直径为20～25mm的大型病斑，近圆形或不规则形，病斑中间有时生有灰色霉层，边缘明显。茎发病后常造成茎节腐烂，严重时瓜蔓腐烂折断，植株枯死，被害部位生有灰褐色霉状物。

西葫芦灰霉病

主要危害花、幼果、叶、茎或较大的果实。花或幼果受害时病菌先从凋萎的雌花开始侵入，侵染初期花瓣呈水浸状，后变软腐烂并生长出灰褐色霉层，造成花瓣腐烂、萎蔫、脱落，然后病原逐渐向幼果发展，受害部位先变软腐烂，后着生大量灰色霉层。病菌如果落在叶片或茎蔓上，也可导致茎叶发病。叶片上形成不规则大斑，中央有褐色轮纹，湿度大时可见灰色霉层。茎蔓发病出现灰白色病斑，绕茎一周后可造成茎蔓折断。

西葫芦灰霉病（A：受害瓜条；B：瓜条严重受害）

莴苣灰霉病

苗期至成株期均可发病。苗期发病，病部呈水渍状腐烂，长有灰色霉层。成株期感病多始于近地面的叶片，开始为水渍状，以后迅速扩大，呈黄褐色，病

莴苣灰霉病

斑上有轮纹，病斑上生出灰褐色或灰绿色霉层；叶柄基部开始呈水渍状，红褐色，后基部腐烂，引起上部茎叶萎蔫；根颈发病开始呈水渍状，并向四周扩展，引起茎部腐烂，天气干燥，气温升高时，病株逐渐干枯死亡，霉层由白变灰再变绿。留种株的花器或花柄也可感病，受害后呈水渍状腐烂，湿度较大时，长有灰色霉层。

生菜灰霉病

多从近地面的叶片或茎开始发病，逐渐向上发展，可以引起全株萎蔫死亡，最后呈腐烂状。叶柄基部发病开始呈水渍状，红褐色，后基部腐烂，引起上部叶片萎蔫；根颈发病开始呈水渍状，并向四周扩展，引起茎部腐烂。叶片发病开始呈水渍状，黄褐色，病斑上生出灰褐色或灰绿色霉层，有时有轮纹。

生菜灰霉病（A：叶缘发病；B：霉层）

侵染循环

病原菌均以菌丝、菌核或分生孢子越夏或越冬。越冬的病原以菌丝在病残体中营腐生生活，不断产出分生孢子侵染植株。外界条件不适时病部产生菌核，在田间存活期较长。病原借助雨水溅射或随病残体、水流、气流、农具及农事操作传播。

发生规律

病原存在时，当相对湿度高于 94%，气温 20℃左右时，易流行。田间果菜一般从带有萎蔫花的幼果开始发病，果实发病率远高于叶片和茎秆。田间叶菜一般从根部外围叶开始发病，漫灌田高于滴灌田。

防治方法

（1）农业防治。棚室降低湿度，提高棚室夜间温度，增加白天通风时间，防止叶片结露。果菜要及时摘除下部叶片，增加通风透光；及时摘除蔫花，减少从花器侵染。出现中心病株时，及时拔除病株。收获后及时处理病残体，集中烧毁或深埋。及时深翻土壤，减少菌源。

（2）化学防治。发病初期进行防治，喷雾一般选择在上午叶片无露水后，药剂可选择嘧霉胺、吡唑醚菌酯・氟唑菌酰胺、啶酰菌胺等，湿度较大时，也可选择成分为腐霉利、多菌清的烟剂于傍晚熏烟防治，隔 7 天熏 1 次，连续防治 3 ～ 4 次。

3 韭菜灰霉病

概　况

灰霉病是保护地韭菜的一种重要病害，轻病田可减产 10% ～ 30%，重病田可造成毁棚绝产，严重影响上市韭菜的产量与品质。

病　原

病原为鳞状葡萄孢 *Botrytis squamosa* J.C. Walker，属子囊菌门真菌。菌丝无色。分生孢子梗从叶内伸出，淡灰色，大小为（208 ～ 1 216）μm×（9.6 ～ 19.2）μm。分生孢子椭圆形，浅褐绿色，透明，光滑，大小为（12.5 ～ 25）μm×（8.75 ～ 18.5）μm。

危害特征

主要发生在叶片上，可分为白点型、干尖型和湿腐型。白点型：初期叶面上生白色至浅灰褐色的小点，一般正面多于背面，斑点扩大后呈椭圆形至梭形，湿度大时表面生稀疏的霉层，后期病斑互相连接成大片枯死斑，引起半叶或全叶枯死，潮湿时枯叶表面密生灰色至灰褐色的绒毛状霉层。干尖型：从叶尖开始发病，逐渐向下部蔓延干枯。病菌先由割茬的刀口侵入，出现“V”形水渍状病斑，之后病斑变为灰白色，病叶逐渐干枯。之后病部继续向下扩展 2 ～ 3cm，

韭菜灰霉病（A：白点型；B：干尖型）

病叶黄褐色，湿度大时生灰色或灰绿色绒毛状霉层。湿腐型：多发生于储藏期，被感染的韭菜迅速腐烂成一团，呈湿腐状。

侵染循环

病原以病叶上的灰霉菌传播，韭菜收割时病原散落在土表。

发生规律

鳞状葡萄孢菌引起的韭菜灰霉病，一般在秋、冬、春三季发生。病原菌喜低温高湿环境。病菌生长的温度范围是 15 ～ 30℃，菌丝生长的适温是 15 ～ 21℃。温度升高产生菌核，27℃产生菌核最多。病原对湿度要求较严格，在大棚相对湿度 84% 以下时，孢子不能萌发。相对湿度 92% ～ 95% 时利于病原萌发。该病原除侵染韭菜外，还可以侵染葱、蒜等蔬菜。

防治方法

（1）农业防治。选用平韭 4 号等抗病品种，并合理密植，实行高畦栽培，加强田间管理，并设定 2 ～ 3 年的收获期，避免长势下降，滋生相关病害。韭菜收割后清除病株残体，做好田园清洁。

（2）化学防治。扣棚后每亩用 45% 百菌清烟剂 250 ～ 300g，杀灭棚内残存的病原。发病初期，可选用异菌脲、嘧霉胺等进行喷雾，施药时间最好选择上午，避免加重设施内的湿度。棚室排湿条件差时，还可以选用有效成分为百菌清的粉尘剂使用喷粉器均匀喷粉。

4 葫芦科白粉病

概况

葫芦科白粉病是一种重要的气传病害，世界各地均有发生，生产中常见的有黄瓜白粉病、西瓜白粉病、西葫芦白粉病等，尤以生长后期受害严重，发病率30%～100%，产量损失达20%～30%，严重影响产品质量，预防不及时可导致毁种。

病原

引起葫芦科白粉病的病原种类比较多，主要有苍耳叉丝单囊壳白粉菌、奥隆特高氏白粉菌、菊科高氏白粉菌、鞑靼内丝白粉菌、十字花科白粉菌、棕丝单囊壳白粉菌等，大部分地区为苍耳叉丝单囊壳白粉菌、奥隆特高氏白粉菌，其中苍耳叉丝单囊壳白粉菌发生最为普遍，危害性更大。

危害特征

主要侵染植株叶片，其次侵染茎蔓、叶柄。发病初期，叶片上出现细小圆形白色小粉点，后扩大为白色粉斑，条件适宜时，病斑连成片，叶片、茎蔓上布满

黄瓜白粉病（A：发病初期；B：严重发生）

白粉，之后白粉变为灰白色，严重时叶片枯萎卷缩，但不脱落。

侵染循环

葫芦科白粉病病菌为专性寄生菌，必须在活寄主组织上才能生长发育。在全年种植黄瓜或其他寄主的区域及北方保护地中，病菌无明显的越冬现象，在寒冷地区，以闭囊壳随病残体在土壤里越冬，成为翌年的初侵染源。初侵染产生的分生孢子，通过气流传播，降落后萌发直接侵入寄主表皮细胞，不断蔓延扩展。

发生规律

白粉病病菌分生孢子萌发温度为 10 ～ 30℃，以 20 ～ 25℃为宜，萌发相对湿度为 50% ～ 85%，超过 95% 会受到抑制，如果叶片有水滴，则会导致分生孢子破裂，影响其萌发率。气流、雨水或灌溉水是病菌的主要传播途径。一般在雨量偏少的年份，当气温 16 ～ 24℃，如遇到连阴天，光照不足，天气闷热或雨后放晴，田间湿度大，白粉病易发生。在华北地区，保护地 4—5 月，露地 6—8 月易发病。

防治方法

（1）农业防治。选用抗病品种，合理密植健康种苗，加强温、湿、光、水的管理，及时整枝打杈，保持田间通风透光，增施磷、钾肥。开花坐果前保持适中的土壤湿度，结果前期、中期保持土壤中有充足的水分。收获后注意清洁田园，将病残体集中烧毁。

（2）物理防治。发病前喷洒高脂膜 30 ～ 50 倍液。发病初期，有条件的可以开启喷灌设备，从上而下淋雨式灌溉，可以减轻病害发展。

（3）化学防治。发病初期及时防控，药剂种类有已唑醇、戊唑醇、腈菌唑、苯醚甲环唑、烯唑醇、嘧菌酯等，隔 5 ～ 7 天喷 1 次，注意轮换用药。

5 草莓白粉病

概　况

草莓白粉病是草莓生产中的重要病害，主要危害浆果，同时也可以危害叶片、叶柄和花器，发病重时，严重影响草莓的产量、品质和经济效益。

病　原

病原为羽衣草单囊壳 *Sphaerotheca aphanis*（Wallr.）Braun，属子囊菌门白粉菌目白粉菌科单囊壳属。菌丝体生于叶的两面、叶柄、嫩枝和果实上，无性生殖产分生孢子，分生孢子圆筒形、腰鼓形，成串，无色，大小为（18～30）μm×（12～18）μm。有性生殖产子囊孢子，叶上子囊果散生或稍聚生，叶柄和茎上子囊果稀聚生，球形或近球形，褐色或暗褐色，直径60～93μm，壁细胞不规则多角形，大小差异大，直径4.5～24μm。附属丝3～13根，丝状，弯曲，屈膝状，长度为子囊果直径的0.5～5倍，基部稍粗，表面平滑，有0～5个隔膜，全长褐色或下部半褐色，有的仅顶部无色。子囊1个，宽椭圆形、椭圆形，无色，大小为（60～90）μm×（45～75）μm。子囊孢子8个，少数为6个，椭圆形、长椭圆形，有油点1～3个，多数2个，此外，还有颗粒状内含物，无色，大小为（15～24）μm×（10.5～15）μm。

危害特征

主要危害叶、果实，果实发病率高于叶片，果梗、叶柄和匍匐茎上很少发生。叶片发病初期在叶背面长出薄薄的白色菌丝，后期菌丝密集成粉状层，病原菌逐渐蔓延扩展，严重时叶正面也滋生菌丝。随病情加重，叶缘逐渐内卷为汤匙状，正面出现暗色污斑，后期呈红褐色，叶缘开始萎缩，最终整个叶片焦枯死亡。花和花蕾受侵害后，花萼萎蔫，授粉不良，幼果被菌丝包裹，不能正常膨大而干枯。果实成熟或接近成熟更易发病，初期产生一片白色粉状层，严重时整个果实如同一个白粉球，完全不能食用。

草莓白粉病（A：叶部受害；B：果实受害）

侵染循环

草莓白粉病菌通过空气或病残体传播。在寒冷地区，病原菌以闭囊壳、菌丝体在病残体上越冬。在温暖地区，多以菌丝或分生孢子在寄主上越冬或越夏，成为翌年初侵染源。第二年产生的分生孢子或子囊孢子，借助气流传播到寄主叶片或果实上，分生孢子先端产生芽管和吸器从寄主表皮侵入，从萌发到侵入一般需20小时，每天可长出3～5根菌丝，4天后侵染处形成白色菌丝状病斑，7天后成熟，形成分生孢子飞散传播，进行再侵染。

发生规律

草莓白粉病发生与温度、相对湿度和寄主条件有关，发生适温20℃左右，最适空气湿度为80%～100%，避光可加速孢子的形成。设施内，白粉病能否流行取决于湿度和植株长势。湿度大利其流行，高温干旱与高温高湿交替出现，且菌源量充足时易大流行。

防治方法

（1）农业防治。选用抗病品种，欧美品种童子一号、甜查理、阿尔比等品种抗性较好。定植前要采取高温闷棚或棚室消毒，减少菌源数量。定植时，要合理密植。定植后，发现病株或病果时，要尽量在早晨轻轻摘除病果或病叶并立即装入随身携带的塑料袋，带出棚室外无害化处理。一旦棚室发病，该棚室的操作人员要避免去健康棚室，或缓冲一定时间后再去健康棚室，减少人为传播。

（2）化学防治。

① 硫黄熏蒸，温室内每隔 10m 在棚室中央放置一台硫黄熏蒸器，距地高约 1.5m，内盛 20g 含量 99% 的硫黄粉，在傍晚盖棉被后开始加热熏蒸，隔日熏 1 次，每次 4 小时，硫黄粉不足时及时补充。硫黄熏蒸对蜜蜂无害，但是熏蒸罐温度超过 280℃时，易产生亚硫酸，对草莓产生药害。另外，硫黄气体也可导致棚膜硬化，减少棚膜寿命，使用时可在熏蒸罐上方 1m 处设置一个伞状盖保护棚膜。

② 定期喷施阿泰灵、大丽花轮枝孢激活蛋白、武夷菌素进行预防。

③ 田间出现病株时，可选用四氟醚唑、氟唑菌酰胺·吡唑醚菌酯、肟菌酯·氟吡菌酰胺、苯醚甲环唑等有效成分的药剂进行喷雾防治。

6 番茄白粉病

概 况

番茄白粉病是番茄生产中的一种普通病害。病情较轻，对生产影响不大。个别棚室发病重，引起植株早衰死亡。

病 原

病原有鞑靼内丝白粉菌 *Leveillula taurica*（Lev.）Arn. 和番茄粉孢 *Oidium lycopersici* Cooke & Massee，均属子囊菌门真菌。菌丝分布于表皮，不穿透叶肉组织。初生分生孢子形状不规则，基部略平截，表面粗糙，有各种小突起，大小为（26.46 ～ 53.24）μm ×（3.53 ～ 12.0）μm。次生分生孢子棍棒状或柱形，无色，表面有各种条状纹，串生于分生孢子梗顶端，有少量单生，也有次生分生孢子着生在初生分生孢子上。次生孢子着生部位略有缢缩，基部平截，大小为（27 ～ 51）μm ×（13 ～ 20）μm。分生孢子梗直立，不分枝，无色，多为 2 ～ 4 个隔，长为 81 ～ 154μm。吸器为球形，色深，着生于顶部膨大略似马鞍状的附着胞上。闭囊壳埋生于菌丝中，近球形，内生子囊近 10 ～ 14 个，子囊近卵形，少数近球形，有明显的柄或无柄，其中多含子囊孢子 2 个，一般卵圆形或椭圆形。番茄粉孢分生孢子萌发适温 20 ～ 25℃；鞑靼内丝白粉菌为 15 ～ 30℃。

危害特征

病害发生在叶片、叶柄、茎及果实上。发病初期在叶面出现褪绿小点，后扩大为不规则形病斑，表面着生白色粉状物，是病原的菌丝、分生孢子梗及分生孢子，起初粉层稀疏，后期逐渐加厚。病斑扩大连片或覆盖整个叶面，其正面为边缘不明显的黄绿色斑点，发病后期病叶变褐黑色并逐渐枯死。叶柄、茎、果实染病时，发病部位也产生白粉状病斑。

番茄白粉病（A：发病初期；B：严重发生）

侵染循环

在北方，病原主要在冬作茄科蔬菜上越冬。在南方番茄常年种植区，病原无明显越冬现象，分生孢子不断产生，辗转危害。病原随气流传播蔓延，侵染新生的叶丛，之后在病部产出分生孢子，成熟的分生孢子脱落后通过气流进行再侵染。

发生规律

该病喜温湿，耐干燥。温度 10 ～ 30℃，相对湿度 25% ～ 85%，其孢子均可萌发。发病最适温度为 16 ～ 24℃，最适相对湿度为 75%。温度高于 30℃，湿度超过 95%，则病情受到抑制。雨后干燥，或少雨但田间湿度大，白粉病流行的速度加快，尤其当高温干旱与高温高湿交替出现，又有大量白粉菌源时极易流行。

防治方法

参见草莓白粉病。

7 茄子白粉病

概况

茄子白粉病为茄子常见病害之一，温暖、多雨天气发病严重，主要造成产量损失。

病原

病原为烟色单囊壳 *Sphaerotheca fuliginea*（Schltcll）Pollaai，属子囊菌门。在田间一般常见其无性阶段，分生孢子串生在直立的分生孢子梗上，晚秋有时产生有性繁殖体，即闭囊壳。闭囊壳扁球形，暗褐色，直径 70 ～ 119μm，表面生 5 ～ 10 根丝状附属丝，褐色，有隔膜。闭囊壳内生 1 个子囊，子囊扁椭圆形或近球形，大小为（48 ～ 96）μm×（51 ～ 70）μm，无色透明。

危害特征

茄子白粉病在茄子的整个生育期均可发生，主要危害叶片，多从植株中下部叶片开始发病，对果实和茎的危害较小。发病初期，叶片上出现点状的白色丝状物和不规则形褪绿小黄斑，逐步发展后形成大小不等的白粉状霉斑，病斑边缘界限不清晰。随着病情的进一步发展，霉斑数量增多，斑面上粉状物明显，呈白粉斑，之后粉斑相互融合成白粉状斑块，严重时叶片正反面均可被粉状物覆盖，像被撒上一薄层面粉。

茄子白粉病

侵染循环

病菌以闭囊壳随病株残余组织遗留在田间越冬。在环境条件适宜时，产生的分生孢子通过气流传播至寄主植物上，从寄主叶表皮气孔直接侵入，引起初次侵染；并在受害的部位产生新生代分生孢子，借气流飞散传播，进行多次再侵染，加重危害。

发生规律

病菌喜温暖潮湿的环境。发病温度范围 15 ～ 32℃；最适发病环境，温度为 22 ～ 28℃，相对湿度 40% ～ 95%；最适感病生育期为结果中后期。发病潜育期 5 ～ 10 天。分生孢子萌发温度 15 ～ 30℃，病菌对湿度要求较低，较低的相对湿度下病害也有流行的可能。早春温度偏高、少雨的年份发病重；田块间连作地、地势低洼、排水不良的田块发病较重；栽培上种植过密、通风透光差、肥水不足引发早衰的田块发病重。

防治方法

（1）农业防治。选择抗病品种，推广与非茄科作物实行 3 年以上轮作。合理密植，及时整枝打杈、绕秧；坐果后适度摘除植株下部老叶、病叶，增加通风透光。

（2）化学防治。参考其他作物白粉病。

8 椒类白粉病

概　况

椒类白粉病是椒类生产上的一种常见病害，多在保护地发生，重发年份常常造成严重损失。

病　原

椒类白粉病病原菌为鞑靼内丝白粉菌 *Leveillula taurica*（Lev.）Arn.，属子囊菌门真菌。

危害特征

主要是叶片受害，偶见于叶柄。发病初期叶正面出现边缘不明显的黄斑，有时黄斑中会出现一些坏死的组织，甚至形成坏死斑，此时叶背可见到白色霉层。初发时霉层稀疏，往往受到叶脉的限制，形成许多三角形白斑，后期白色斑点连接成片，使整个叶背成为白色。椒类白粉病发病后期可引起叶片卷曲脱落，严重时仅剩下植株顶部的少数叶片，使果实暴露在阳光下，引起日灼病。

椒类白粉病

侵染循环

病原以闭囊壳随病残体在地表越冬，或在保护地蔬菜上循环危害。在田间以分生孢子借气流传播，病原在叶片中不断扩展。当叶片上出现白粉状物已是发病晚期。在营养生长阶段菌丝都藏在叶片里面，等到产生繁殖体的时候，才伸出叶面。孢子萌发后从寄主叶背的气孔侵入。

发生规律

椒类白粉病在露地多发生于6—7月或9—10月，保护地则多见于3—6月或10—11月。当气温为25～28℃和相对湿度为50%～80%易流行，寡照会加剧该病的发生。白天温暖、夜间凉爽、重露凝集以及田块潮湿等发病重。南方春季气候温暖而潮湿，辣椒极易感染白粉病，但长时间的降雨可抑制病害的发生。栽培方面，土壤过干或氮肥过多发病重，植株抗病力差发病也重。

防治方法

（1）农业防治。合理密植，改善植株间通风条件。生长期和采收后，及时清除病残体，减少病原的传播。田间出现病叶时应及时摘除，加强水分管理，促进植株健康，增加抗逆性。同时，要注意控制温度，防止棚室湿度过低和空气干燥。

（2）生物防治。发病初期，可以用武夷菌素进行喷雾防治，每隔7天喷1次，连续防治2～3次。

（3）化学防治。参考其他作物白粉病。

9 豆类白粉病

概 况

白粉病是保护地种植豆类的一种常见病害，各地均有分布，南方发生普遍，局部地区受害重。

病 原

病原为蓼白粉菌 *Erysiphe polygoni* DC，属子囊菌门真菌。闭囊壳黑褐色，球形，直径 81 ～ 176μm。子囊长无色，卵形，大小为（49 ～ 82）μm×（29 ～ 53）μm。子囊孢子无色，椭圆形，单胞，大小为（17 ～ 30）μm×（10 ～ 19）μm。菌丝表生，丝状。分生孢子梗棒状，不分枝。分生孢子无色，椭圆形或柱形，单胞。该病原可以侵染豇豆、菜豆、豌豆、蚕豆、大豆、扁豆、番茄、茄子、甘蓝、芹菜等多种蔬菜。

危害特征

主要危害成株的叶片，偶尔也会侵染茎秆。初期叶片表面产生小白斑，圆

豆类白粉病（A：危害豇豆；B：危害菜豆）

形。后扩大相互连接，覆盖整个叶片，沿叶脉扩展成粉带，颜色渐变为灰白色至紫褐色。严重时叶片枯黄脱落。

侵染循环

病原在温暖地区可以辗转传播危害；寒冷地区病原在多年生植物体内、花卉上或以闭囊壳在病残体上越冬。翌年春天产生子囊孢子进行初侵染。

发生规律

田间病害流行的适温为 16 ～ 24℃，相对湿度 45% ～ 75%。雨水偏少的年份发病较重。干旱或日夜温差大的条件下，叶面易结露，发病重。种植密度过大，特别是在窝风的地方，发病重；施肥不足，偏施氮肥、缺磷少钾，植株生长衰弱，或在酸性土壤上种植，发病较重。

防治方法

（1）农业防治。选用抗病品种。施足有机肥，增施磷钾肥，提高植株抗病性。种植密度要适宜，有利于田间通风透光，降低湿度。田间零星发病时要及时摘除病叶，收获后及时清除病残体，集中烧毁或深埋。

（2）化学防治。参考其他作物白粉病。

10 菌核病

概 况

菌核病是蔬菜生产中的一种重要土传病害，条件适宜时，病菌可以侵染黄瓜、架豆、芹菜、甘蓝、花椰菜、茴香等，常引起较大的产量损失。

病 原

病原为核盘菌 *Sclerotinia sclerotiorum*（Lib.）de Bary，属子囊菌门柔膜菌目核盘菌属。菌核或子囊孢子萌发产生无色、有隔膜的菌丝体，菌丝体可以相互纠集在一起而形成菌核。菌核黑色，不规则状、球形至豆瓣形或鼠粪状，直径 1 ～ 10mm，由皮层、拟薄壁细胞和疏丝组织组成，具有抵抗不良环境的能力，可以越冬或越夏。正常情况下，菌核萌发产生 1 ～ 20 个子囊盘，子囊盘初为乳白色小芽，随后逐渐展开呈盘状，颜色由淡褐色变为暗褐色，子囊盘下有柄，子囊盘细长而弯曲。子囊盘萌发产生子囊，棍棒状，无色，大小为（108 ～ 135）μm ×（9 ～ 10）μm，内含 8 个子囊孢子，子囊孢子单行排列，椭圆形，无色，直径约为 12μm × 4μm；小型分生孢子单胞，无色，3 ～ 4μm，密生于分生孢子梗上，形成约为 84μm × 77μm 的孢子块。侧丝细长，线形，夹生在子囊之间。

危害特征

黄瓜菌核病

主要危害果实和茎蔓。先在近地面的茎蔓发病，发病时出现淡绿色水浸状小斑点，后变为淡褐色病斑，高湿条件下病茎软腐，长出白色棉毛状菌丝。病茎髓部遭破坏腐烂中空，或纵裂干枯。叶柄、叶、幼果发病初呈水浸状并迅速软腐，后长出大量白色菌丝，菌丝密集形成黑色鼠粪状菌核。瓜条发病多从残花部开始，先呈水浸状腐烂，并长出白色菌丝，然后菌丝纠集成黑色菌核。

黄瓜菌核病（A：危害瓜条；B：危害茎秆；C：菌核）

菜豆菌核病

多在开花结荚期发病。病株基部或中下部呈灰白色，引起全株枯萎。剖开病茎可见鼠粪状菌核。豆荚发病初期为水渍状，后逐渐变成灰白色，长出黑色菌核。

菜豆菌核病（A：危害茎秆；B：危害豆条）

芹菜菌核病

危害茎、叶，多见于根部。病害常先从叶部发生，形成暗绿色病斑，潮湿时表面生白色菌丝层，后向下蔓延，引起叶柄及茎发病。病处初为褐色水渍状，后形成软腐或全株溃烂，表面生浓密的白霉，最后形成鼠粪状菌核。

芹菜菌核病（A：危害叶片；B：危害根部）

甘蓝菌核病

主要危害植株的茎基部，也可危害叶片、叶球、叶柄、茎、种荚，苗期和成株期均可染病。苗期染病在茎基部出现水渍状的病斑而后腐烂或猝倒。成株染病，多发生近地表的茎、叶柄或叶片上，初为水渍状、稍凹陷、淡褐色病斑，扩大后病斑呈湿腐状，不规则，淡褐色，边缘不明显。后期引起叶球或茎基部腐烂，茎基部病斑环茎一周后致全株枯死，但不发生恶臭。田间湿度高湿时，发病部位软腐并长出白色棉絮状菌丝体及黑色鼠粪状菌核。留种株多在终花期发病，病菌除侵染叶和荚外，可引起茎部腐烂、中空，表面及髓部生白色棉絮状菌丝，剥开可见白色菌丝体和黑色菌核，菌核鼠粪状，早期白色，以后外部变为黑色，内部白色。受害种荚呈黄白色，荚内常生有黑色小粒状菌核。

花椰菜菌核病

主要危害茎基部、叶片、花球，当植株茎基部开始受害时，受害部的边缘先呈不明显的水渍状褐色不规则病斑，然后慢慢软腐，生成白色或灰白色棉絮状菌丝体，并形成黑色鼠粪状菌核，至茎基部病斑环茎一周后，全株死亡。茎基部叶片或叶柄发病，而后蔓延至茎部，茎部病斑由褐色变白色或灰白色，病茎皮层腐烂，干枯后病组织表面纤维破裂成乱麻状，茎内中空，长出白色菌丝并夹杂着黑色菌核。往往伴随着软腐细菌，发出恶臭。

花椰菜菌核病（A：叶片发病；B：菌核）

莴苣菌核病（菌核）

茴香菌核病

莴苣菌核病

主要发生在莴苣地上茎部和叶片上，以春季莴苣生长中后期发病为主。① 叶片。先从中部的叶片发病。刚开始在叶尖呈现水浸状褪绿斑点，后逐步向下扩展，病叶逐渐软腐。由于莴苣生长中后期，叶片已比较紧凑，病叶软腐后搭在下面的叶片上，从而迅速感染其他叶片。② 茎部。病斑扩大侵入茎部后，最先呈现不规则圆斑，稍凹陷，逐渐发展到环茎腐烂，导致整个植株烂掉。在潮湿时病叶上产生棉絮状的菌丝体，特别是靠近茎基部的叶片表现明显，后期菌丝体交织成白色颗粒，白色颗粒逐渐变成不规则的鼠粪状菌核。

茴香菌核病

主要危害茎和叶柄。被害株呈凋萎状，病部呈褐色湿润状，后变软腐烂，表面缠绕蛛丝状霉，后期病部表面及茎腔内产生黑褐色鼠粪状菌核。

侵染循环

病原以菌核在土壤、种子、病残体、堆肥中越冬或越夏。条件适宜时萌发产生子囊盘，盘中的孢子成熟后弹射后，随风传播，侵染衰老花瓣或叶片，长出白色菌丝，开始危害柱头或幼瓜。0 ～ 35℃菌丝能生长。侵入后病菌破坏寄主的细胞和组织，扩散和破坏邻近未被病原物侵染的组织，并通过病、健株相互接触实现重复侵染。

发生规律

该病在低温潮湿条件下易发生，温度为 15℃，相对湿度在 85% 以上时，有利于该病的发生与流行。南方 2—4 月及 11—12 月适其发病，北方 3—5 月为易发季节。连作棚室或前茬作物菌核病发生较重的棚室，当相对湿度高于 85%，温度在 15 ～ 20℃时，易发病。

防治方法

（1）种子处理。用 10% 食盐水或 10% ～ 20% 硫铵液漂种，除去浮在水面的菌核和杂质，反复 2 ～ 3 次后再行播种。也可以温汤浸种，杀死菌核，然后在冷水中浸 3 小时后再催芽播种。

（2）农业防治。播种前进行苗床处理，杀死土壤中菌核。前茬收获后进行 1 次深耕，将菌核深埋土中，使其不能抽生子囊或子囊盘不能出土，减少子囊孢子的传播。推荐高畦种植，合理密植，有利于通风透光。加强田间管理，合理使用氮肥，增施磷钾肥，降低田间湿度，增强植株生长势，提高抗病性。

（3）化学防治。消毒药剂可选用硫菌灵，发病初期可选用菌核净、腐霉利、异菌脲、乙烯菌核利等，每 7 ～ 10 天喷 1 次，连续 2 ～ 3 次，注意轮换用药，防止抗药性产生。

11 十字花科黑斑病（真菌病害）

概况

黑斑病是十字花科的一种常见普通病害，各地均有分布，严重时病株率可达 80% ～ 100%，影响产量和质量。该黑斑病属于真菌病害，全国植物检疫对象名单中的十字花科黑斑病菌 *Pseudomonas syringae* pv. *maculicola*（McCulloch）Young et al.，属于细菌病害。

病原

病原为萝卜链格孢 *Alternaria raphani* J.W. Groves et Skoloko 和芸薹链格孢 *A. brassicae*（Berck.）Sacc.，均属子囊菌门真菌，可侵染白菜、芥菜、甘蓝等。

危害特征

病菌侵染白菜、萝卜（或芥菜）等蔬菜的症状比较相似，侵染甘蓝和花椰菜比较相似。

白菜类

大白菜黑斑病主要危害外叶或叶球外层叶，也能危害叶柄、茎、花梗和种荚。初侵染时，产生小黑点，病斑逐渐扩大，形成黑褐色同心轮纹，病斑周围常有黄色晕圈，病斑直径大小不等，一般 2 ～ 6mm。发病后期多个病斑聚合，导致大半个叶片发黄干枯，病斑有时会破裂或从中间穿孔。受害后，植株光合作用减弱，植株衰老加速，茎叶味苦，品质下降，产量降低。

萝卜类（或芥菜等）

主要危害叶片。发病叶片先出现黑褐色稍隆起的小圆斑，后直径扩大到 3 ～ 6mm，病斑边缘为苍白色，中间淡褐至灰褐色，有同心轮纹但不明显，湿度大时病斑上生有淡黑色霉状物。病部发脆易破碎，发病重时病斑融合引起叶片局部枯死。留种株叶、茎和荚均可发病，茎及花梗上病斑多为黑褐色椭圆形。

大白菜黑斑病（A：叶正面；B：叶背面；C：包叶；D：严重发生）

芥菜黑斑病（叶背面）

萝卜黑斑病（叶正面）

甘　蓝

甘蓝黑斑病可以危害幼苗、成株和留种株。幼苗期感病，子叶先出现点状病斑，褐色，后期扩大发展为褪绿的病斑，子叶干枯，严重时造成死苗。成株期感病，先是出现圆形病斑，褪绿，后转为暗黑色，病斑扩大到直径 5 ～ 10mm 时变为淡褐色，有明显的同心轮纹，生黑褐色霉状物。病斑变薄，有时破裂。后期病斑融合成大病斑，叶片枯死。全株叶片由外向内干枯。叶柄感病，病斑椭圆形或梭形，暗褐色，凹陷，表面生褐色霉层，引起叶柄腐烂。种荚感病，病斑近圆形，中央为灰白色，边缘为褐色，周围淡褐色。潮湿时病斑上出现褐色霉状物，种荚瘦小。

甘蓝黑斑病（A：叶正面；B：叶背面）

花椰菜

主要危害叶片、叶柄、花梗和种荚。该病大多发生在外叶上，温度高时病斑迅速扩大为灰褐色圆形病斑，直径 5 ～ 30mm，轮纹不明显。发病严重时，叶片上可达数十个病斑，密布叶面，病斑多时融合成大斑，或致叶片变黄早枯。茎、叶柄染病，病斑呈纵条形。受害叶片、茎、叶柄，在潮湿情况下均长出黑色霉状物。

花椰菜黑斑病（A：叶背面；B：叶正面）

侵染循环

病原以菌丝或分生孢子在病叶或种子上越冬，为初侵染源。孢子可以通过气流进行远距离传播。萌发时产生芽管从寄主气孔或表皮直接侵入，环境条件适合时，在病斑上产生分生孢子，进行再侵染，使病害蔓延。

发生规律

黑斑病病菌通过雨水、气流传播，喜温暖、潮湿的环境。遇到适温、高湿易发病；多雨、多雾天气，病害会迅速传播。连作、早播、缺肥、植株生长弱的地块发病重。保护地栽培，早春定植时白天 20 ～ 25℃，夜间 12 ～ 15℃，昼夜温差大，相对湿度高达 80% 以上，利于此病的发生和蔓延。

防治方法

（1）种子处理。选用有效成分为福美双、百菌清、异菌脲、戊唑醇的种衣剂进行包衣，或采取温汤浸种，或其他消毒措施进行种子处理。

（2）农业防治。推广抗病品种，如白菜可以选用北新 4 号等，并推广适期晚播，错开发病高峰期，合理进行水肥管理，提高植株抗病能力。及时做好清园工作，清除病残体。种植地块要求排水通畅，土壤要进行深耕翻晒，做高畦，适当降低田间密度，增加通风透光。

（3）化学防治。发病初期喷施百菌清、代森锰锌、异菌脲、苯醚甲环唑、吡唑醚菌酯、唑醚·氟酰胺等药剂，7 天喷 1 次，防治 2 ～ 3 次。

12 番茄晚疫病

概况

番茄晚疫病是番茄的一种主要病害。该病流行性很强，破坏性很大，常造成20%～30%的减产。

病原

病原为致病疫霉 *Phytophthora infestans*（Mont.）de Bary，属鞭毛菌亚门真菌。菌丝有分枝，无色无隔，多核；孢囊梗无色，单根或多根成束，由气孔伸出；孢子囊顶生或侧生，卵形或近圆形，无色，顶端有乳突，基部具短柄，孢子囊中游动孢子少于12个。菌丝发育适温24℃，最高30℃，最低10～13℃。孢子囊在温度为18～22℃、相对湿度100%左右时，3～10小时成熟；当相对湿度低于95%时，孢子囊迅速失去活力。

危害特征

叶、茎、果均可受害，但以叶片和青果受害严重。叶片多从植株下部叶尖或叶缘开始发病，以后逐渐向上部叶片和果实蔓延。初为暗绿色水浸状不规则病斑，病健交界处无明显界限，扩大后转为褐色。空气潮湿时，病斑会迅速扩展，叶背病斑边缘可见一层白色霉状物。空气干燥时病斑呈绿褐色，后变暗褐色并逐渐干枯。茎部发病为水渍状变暗褐色至黑褐色，稍向下凹陷，病茎组织变软，植株萎蔫，严重时病部折断造成茎叶枯死。果实发病多从未着色前的青果近果柄处的果面开始，最初为不明显的油浸状大斑，逐渐向四周发展，后期逐渐变为深褐色，病斑稍凹陷，病果质硬不软腐，边缘不变红，潮湿时病斑表面产生一层白色霉状物。

侵染循环

病原主要随病残体在土壤中越冬，也可以在冬季栽培的番茄及马铃薯块茎中越冬。条件适宜时，借气流或雨水传播到番茄植株上，在田间形成中心病株。病

番茄晚疫病（A：叶片；B：茎秆；C：叶柄；D：果实；E：严重发生棚室）

原的菌丝在寄主细胞间或细胞内扩展蔓延，经 3 ～ 4 天潜育后，病部长出菌丝和孢子囊，并借风雨传播进行多次侵染。从气孔或表皮直接侵入。菌丝发育适温 24℃，最高 30℃。

发生规律

菌源充足，环境条件适宜时，番茄各个生育期都受该病危害，幼苗期、结果期危害最重。当白天气温 24℃以下，夜间 10℃以上，空气湿度在 95% 以上，或有水膜存在时，发病重。生长期内，如遇到突然降温、连续寡照等天气，病害往往会迅速蔓延。另外，棚室栽培时，种植密度过大，偏施氮肥，放风不及时，也会加重该病的发生。

防治方法

（1）农业防治。选用抗病耐病品种，与非茄科作物实行 3 年以上轮作，合理密植，推广滴灌，并合理控水，避免在低温寡照期间形成高湿环境。下部果转色后，及时打除老叶，增强通风透光。发现中心病株时，及时清除，带出棚外深埋或烧掉，并对周围进行定点防控。

（2）化学防治。苗期进行保护性喷药预防，定植后可喷代森锰锌等保护性杀菌剂和多肽、阿泰灵等植物诱抗剂。发病初期喷施烯酰吗啉、霜脲・锰锌、霜霉威盐酸盐、甲霜・锰锌、噁霜・锰锌、氟啶胺、噁唑菌酮、氟吗啉・锰锌、氰霜唑、氟醚菌酰胺等药剂，注意根据各地抗性进行选择，并注意轮换用药。

13 番茄早疫病

概　况

番茄早疫病是番茄的一种主要叶部病害，各地均有发生。一般年份茎叶发病率在 10% 左右，流行年或重病田可达 100%，常年造成损失 10% ～ 30%，流行年份或重病田损失可达 30% ～ 40%。

病　原

病原为茄链格孢 *Alternaria solani*（Ellis et Martin）Jones et Grout，属子囊菌门真菌。菌丝呈放射状生长，菌丝发达，气生菌丝灰白色。将其平铺于培养基上，菌落初为淡灰色，后转为青褐色、褐色，菌丝生长快，在 25℃下培养 7 天，菌落直径一般在 8cm 以上。分生孢子梗单生或丛生，长不超过 110μm，分生孢子单生，褐色，倒棍棒形至长椭圆形，大小为（150 ～ 300）μm×（15 ～ 19）μm，一般有多个纵横隔膜，有长喙（一般不短于孢身长度），极少数孢子喙有分叉。PDA、PSA 是其最适合生长的培养基，pH 值 2 ～ 12 菌丝均能生长，pH 值 6 ～ 8 生长较快。该菌在 5 ～ 35℃均能生长，其中，最适温度为 25 ～ 30℃；分生孢子在 5 ～ 35℃均能萌发，适宜温度为 25 ～ 30℃，致死温度为 50℃（10 分钟）。该病原可以侵染番茄、茄子、辣椒、马铃薯等。

危害特征

各生育期都可发病，主要危害叶片，还可以侵染茎、花、果等部位。叶片感病初为水渍状暗褐色病斑，扩大后近圆形，有同心轮纹，边缘多具浅绿色或黄色晕环。潮湿时病斑长出黑霉。多从植株下部叶片开始，逐渐向上发展。严重时，多个病斑连成不规则大斑，造成叶片早枯。叶柄发病时先从下部叶片开始，逐渐向上部叶片发展。病斑椭圆形，稍凹陷，暗褐色，有轮纹。茎部发病多在分枝处产生褐色至深褐色不规则圆形或椭圆形病斑，表面生灰黑色霉状物。幼苗期茎基部发病，严重时病斑绕茎一周。刮大风时，茎秆、枝条易从发病处折断。青果发病多在花萼处或脐部，病斑黑褐色近圆凹陷，后期从果蒂裂缝处或果柄处发病，病斑部较硬，一般不腐烂，后期有时从病斑处开裂。在果蒂附近形成圆形或椭圆形暗褐色病斑，病斑凹陷，有同心轮纹，斑面着生黑色霉层。

番茄早疫病

侵染循环

病原以菌丝体或分生孢子在病残体或种子表面越冬，附着在种子上的病原可存活 2 年。播种带菌种子，种子萌发时即可发病。在大棚内，病原主要通过种子携带分生孢子成为初侵染，土壤中带有分生孢子，或者风携带分生孢子从通风口处进入大棚，完成初侵染，潜育期 2 ～ 3 天后出现病斑，然后通过气流、雨水、昆虫和农事操作进行多次侵染。

发生规律

早疫病的发生与气温、相对湿度、降水量、叶片生理年龄及品种耐病性有直接关系。湿度是病害发生与流行的主导因素。湿度 80% 以上，温度 20 ～ 25℃最易发病。田间连续 5 天均温为 21℃，相对湿度大于 70% 的时间超过 2 天，早疫病即可发生。阴雨天气造成环境高湿易发病。连作，栽种密度过大，基肥不足，灌水多或低洼积水，结果过多，植株生长衰弱等，都有利于该病暴发流行。春季保护地栽培，番茄定植后，昼夜温差大，叶面有水膜，利于病害发生。

防治方法

（1）种子处理。用 10% 磷酸三钠浸种 20 分钟，将种子洗净药液后再浸种，水温 50 ～ 55℃，加热水保持水温 10 分钟，然后加凉水冷却到 30℃浸种，捞出种子催芽。

（2）农业防治。重病区实行轮作，与其他非茄科作物进行 2 ～ 3 年以上的轮作。清洁田园，及时摘除病、老、黄叶，摘除病果，拔除重病株，带出棚室外深埋或烧毁。高畦覆地膜栽培。合理密植，施足粪肥，增施磷钾肥，避免偏施氮肥。盛果期后为防止早衰加重病情，要及时追肥或喷施叶面肥。灌水采用膜下暗灌、滴灌或渗灌，上午灌水，灌水后适时放风，防止湿度过大。尽量采用滴灌，禁止大水漫灌，更不能用喷灌。

（3）化学防治。定植时，先用 1∶1∶300 的波尔多液喷施幼苗，然后再定植。定植后要及时预防，药剂可选择波尔多液、百菌清粉剂、腐霉利烟剂等。发病初期，可选择丙环唑、苯醚甲环唑、甲基硫菌灵、异菌脲、吡唑醚菌酯等进行喷雾防控。

14 番茄黄化曲叶病毒病

概　况

设施番茄生产中的一种常见病毒病，目前，我国大部分地区均有发生。

病　原

病原为番茄黄化曲叶病毒（tomato yellow leaf curl virus，TYLCV）。该病毒是双生病毒科单链环状 DNA 病毒，属于菜豆金色花叶病毒属，寄主范围广，可以危害多种经济作物。双生病毒能够通过基因的高沉默重组率快速适应环境，在各地迅速蔓延。由于该病毒存在基因变异频率高的现象，番茄黄化曲叶病毒株系分化较多。

危害特征

番茄植株生长初期比较容易感染番茄黄化曲叶病毒病，主要症状是植株上的叶片变小，顶端的叶片边缘会轻微发黄并且上卷，叶脉间的叶肉也会发黄，整片叶萎缩、褶皱，植株生长得非常慢或者不再生长，节间缩短，明显矮化，仅为正常株的 1/2 ～ 2/3。已长大植株发病的主要症状是叶脉变成紫色，叶片增厚变硬或者变焦枯，新长出的叶片会出现黄绿不均匀的斑点，皱缩或者变形，严重时叶片会萎缩，即使到最后生长至成熟植株，基本不会正常开花结果。开花后感染黄化曲叶病毒，结果的数量也会减少，果实变小产生畸形，不能正常变色成熟。

番茄黄化曲叶病毒病（苗期症状）

番茄黄化曲叶病毒病（成株期症状）

发生规律

烟粉虱是番茄黄化曲叶病毒病的主要传毒介体。获毒后可终生传毒，但不能经卵垂直传播。春秋茬番茄发病比较重。

防治方法

番茄黄化曲叶病毒病的防控重点在防控传毒媒介粉虱。

（1）农业防治。选择抗病品种，要有申粉 V1、航杂 3 号、西农 2011、宝丽等，或抗 TY 的嫁接苗。

（2）物理防治。风口、门口加装防虫网，阻挡粉虱迁移。

（3）生物防治。喷施诱抗剂，提高植株抗性。

（4）化学防治。参考粉虱防控方法。

15 番茄蕨叶病毒病

概 况

蕨叶病毒病是番茄的重要病害，各地均有分布，发生严重时甚至造成毁种绝收。

病 原

病原为黄瓜花叶病毒（cucumber mosaic mirus，CMV）。病毒粒体球状，直径约 30nm，病毒汁液稀释限点为 3 000 ～ 10 000 倍，失活温度为 60 ～ 70℃，可以侵染寄主达 45 科 124 种植物，除危害茄科、藜科植物外，还危害瓜类和小麦、玉米等禾本科植物。

危害特征

多在苗期至开花期发生较重，病株表现为不同程度的矮化，顶部叶片细长，不扩展，筒状卷曲。发生严重时枝叶丛生，呈螺旋状下卷，或叶肉退化，叶片呈纤细扭曲线状。中、下部叶片向上卷，严重的卷成筒状，节间缩短。轻病植株黄化矮缩，花冠加厚成巨型花，果小或畸形。重病株花蕾未打开即坏死，随病害发展，中下部枝叶逐渐坏死焦枯，拔起病株根部坏死，没有新根。

番茄蕨叶病毒病

侵染循环

种子不带病毒，在病残体上该病毒不能存活，病毒主要在活的寄主体内越冬。冬季温室芹菜、番茄、黄瓜及老根菠菜、多年生杂草、十字花科蔬菜留株为病毒的越冬寄主。翌年春天越冬寄主上的病毒成为田间传播的最初毒源。多种蚜虫的吸食传播是初始毒源，也是最主要的传播途径，另外，摩擦也可以起到一定的传毒作用。

发生规律

该病发生与气候因素、栽培因素密切相关，主要发生在夏季和秋季，发病严重时，病株率可达 50% 以上。在高温干旱条件下，有利于蚜虫的繁殖和迁移传毒，会促进蕨叶病的发生发展。土壤黏性大、肥力不足和排水不畅，造成植株生长不良，往往加重病害发生。管理粗放，田间杂草丛生，靠近老根菠菜和十字花科制种田等毒源或蚜源作物时，发病早而重。

防治方法

病毒病治疗效果非常有限，生产上必须采取预防措施，防范病毒病的发生。

（1）农业防治。将前茬作物，尤其病株和杂草清理干净，带出田外集中处理。生产田要适当远离老根菠菜和十字花科蔬菜田块。定植前要施足底肥，选用健康壮苗，在绑蔓、整枝、蘸花和摘果时，都应尽量先处理健壮株，后处理发病株。接触过病株的手和工具要及时用肥皂水或磷酸三钠水冲洗、消毒。

（2）物理防治。定植后，在畦埂上铺 30cm 宽的银灰色地膜，或插架后在架两侧挂 5cm 宽的膜条，或悬挂黄板，诱杀蚜虫，减少病毒的传播。在通风口处加装防虫网，防虫媒介昆虫迁入。

（3）化学防治。生产中以防治蚜虫为主。另外可以喷施阿泰灵或多肽提升植物抗逆性。

16 番茄茎基腐病

概 况

茎基腐病是番茄的一种重要病害，常造成缺苗断垄，或成株期根茎部腐烂，植株枯死。

病 原

病原为立枯丝核菌 *Rhizoctonia solani* Kühn.，属担子菌门丝核菌属真菌。菌丝无色，老菌丝黄褐色，分枝基部缢缩。菌核近球形，直径 0.1 ～ 0.5mm，无色，后呈黑褐色。这种病原可以侵染 50 科 200 余种植物。

危害特征

幼苗期及成株期均可发病，主要危害即将定植的大苗和已定番茄植株的茎基部或地下部主、侧根。幼苗发病后，首先茎基部变褐，随后病部收缩变细即发生缢缩现象，进而中上部茎叶逐渐发生萎蔫下垂和枯死现象。发病初期，病株白天萎蔫，夜晚可恢复，数日后，当病斑绕茎一周时，幼苗便逐渐枯死。成株发病后，初期病部亦呈暗褐色，后绕茎基部或根部扩展，致皮层腐烂，地上部叶、花、果逐渐变色停止生长。在果实膨大后期发生该病，植株迅速萎蔫枯死，似青枯症状，但患病部位无菌脓。另外，发病部位常出现具同心轮纹的椭圆形或不规则形褐色病斑；后期易出现淡褐色霉状物或大小不一的黑褐色菌核。

番茄茎基腐病（轻）

番茄茎基腐病（重）

侵染循环

病原主要以菌丝和菌核传播和繁殖，在土壤中越冬，腐生性强，可在土壤中存活 2 ～ 3 年。病原借水流、农具传播蔓延。

发生规律

该菌不产生孢子，主要以菌丝体传播和繁殖。病原腐生性强。病原发育适温 24℃，最高温度 40 ～ 42℃，最低温度 13 ～ 15℃。阴雨天气，苗床或棚室温度高，施用未腐熟肥料，土壤湿度大，通风透光条件差，茎基有损伤，连茬种植等易发病。冬春茬日光温室番茄的定植期一般在 9 月中下旬，时值秋雨绵绵，气温偏高，如栽植时茎基部皮层受伤，栽植过深，土壤湿度偏大，连阴天持续时间较长，且放风、排湿不及时，则会造成番茄茎基腐病的发生和流行。

防治方法

（1）农业防治。番茄定植前 10 ～ 15 天，选择晴天无风扣棚，不要关闭风口。要敞开风口，在大棚内进行施肥、翻地、起垄等农事操作。采取大小行、小高垄方式种植。减少植株病害定植深度，以高出育苗钵 1cm 左右为宜，切勿定植过深，避免诱发茎基腐病。

（2）化学防治。选用甲霜灵、甲霜灵 · 锰锌进行苗床处理。幼苗喷百菌清或福美双进行预防。定植后至成株期发病，在根部喷百菌清、甲基硫菌灵、福美双等杀菌剂进行防治。

17 番茄溃疡病

概 况

番茄溃疡病是威胁番茄生产的一种检疫性细菌性病害，该病害蔓延迅速，危害严重，防治困难。除危害番茄外，还可以侵染辣椒、龙葵、曼陀罗等其他茄科作物或植物。

病 原

病原为密执安棒杆菌密执安亚种 *Clavibacter michiganense* subsp. *michiganensis*（Smith）Davies et al.，属放线菌目微球菌科密执安棒状杆菌属。短杆状或棒状，大小为（0.3 ～ 0.4）μm×（0.6 ～ 1.2）μm。有时一端膨大，有时 2 个菌体形成分叉。无鞭毛，无芽孢，有荚膜，无运动性。革兰氏阳性反应。培养 48 小时菌落直径为针尖大。培养 96 小时菌落为圆形，直径可达 1mm，颜色初为淡黄色，以后菌落变成明显的黄色，表面有突起，菌落边缘整齐，不透明，有一定的黏度，培养基近似于无变化。适宜生长温度 25 ～ 28℃，最高温（极限值）为 37℃，致死温度 51℃。最低生长 pH 值为 5.0，最适生长 pH 值为 6.5 ～ 7.0，最高生长 pH 值为 8.5。

危害特征

番茄溃疡病是一种典型的维管束病害，在植株的全生育期均可发生，属于系统性侵染病害，可侵染番茄的一切组织，但幼苗期发病率低，开花结果期是发病敏感期。幼苗发病，叶片坏死或单侧萎蔫，植株矮化或枯死。成株期发病，有点片状或成行分布的发病中心，发病株叶片凋萎下垂、卷缩，似缺水状。病株枯萎很慢，不表现出萎蔫症状。随病情发展，叶脉和叶柄出现小白点，茎变粗，外部形成瘤状突起（气生根），内部变褐色，并自下而上扩展。发病后期茎中空乃至开裂，可见褐色条斑，易折，叶片枯死，植株上部呈青枯状，湿度大时，有褐色菌脓溢出。幼果发病后皱缩、滞育、畸形，果实内的种子很小、黑色、不成熟。果实上往往出现白色圆形小点，病情发展后变为褐色，中心粗糙，略微突起，直径约3mm，斑点边缘围绕着白色晕圈，呈典型的“鸟眼斑”。溃疡病在番茄茎上的症状表现与番茄条斑病毒病极为相似，可通过手捏病茎进行区分：内部中空且变为褐色的为溃疡病株；茎内不中空，髓部不变褐色的则为病毒病。

侵染循环

番茄溃疡病以种子或种苗带菌进行远距离传播，病原菌可存活在种皮或种毛中，造成种子带菌，种子带菌率可达50%左右。病原菌也可以随病残体在土壤和粪肥中越冬，可存活2～3年。种子带菌是新病区的主要初侵染来源。该菌主要由各种伤口侵入，包括损伤的叶片、幼根，也可从植株茎部或花柄处侵入，经维管束进入果实的胚，侵染种子脐部或种皮，使种子内带菌。初侵染发病后，条件合适时可发生多次再侵染，使病情逐渐加重。病原借雨水和灌溉水传播，特别是连阴雨及暴风雨，通过分苗移栽及整枝、打杈、绑蔓等农事操作进行传播。

发生规律

番茄溃疡病喜温暖潮湿环境，高温、大雾、重露、多雨等因素有利于病害发生，尤其是暴风雨后病害明显加重。栽培方面，当幼苗出土后，前期阴雨，后期又遇高温高湿，病原会快速蔓延。农事操作造成伤口，也会导致病原更易侵入。灌溉方面，如果采用喷灌时会加重棚室病情的发展，尤其加重果实的发病率。连片种植，地块低洼，排水通风不良，利于病原的近距离大面积传播。保护地种植番茄8—9月为发病的高峰期。

防治方法

番茄溃疡病的防控要严格落实种子检疫制度，防止种子带菌传入。

（1）加强检疫。防止带菌种子进入生产环节。

（2）种子处理。播种前用55℃的温水浸种30分钟，浸泡期间要保持恒定温度，并不断搅拌，捞出后晾干播种。干燥种子放在70℃恒温下保持72小时，或80℃恒温下保持24小时，干热灭菌。或用1.3%次氯酸钠浸种30分钟，再用清水冲净，晾干播种。也可用0.8%的醋酸溶液（鲜种子）、0.6%的醋酸溶液（干种子），浸泡种子24小时，然后用清水冲净，晾干后播种。

（3）农业防治。① 选用抗病品种，如佳粉2号等。② 合理轮作。发病田要与其他非茄科作物轮作间隔3年以上。③ 加强管理。及时中耕培土，及早搭架，各种农事操作要尽量在露水干后进行。发现病株应及时拔除深埋或烧毁，并用生石灰对病穴进行消毒处理。采取高垄栽培，避免带露水进行农事操作；病后注意肥水管理，避免大水漫灌，不能偏施氮肥。加强棚室温湿度控制，白天温度控制在 22 ～ 25℃，夜间控制在 15 ～ 17℃。下午棚温降到 13℃时关闭通风口，尽量减少夜间棚温的变化，当夜温超过 13℃时可整夜放风。

（4）化学防治。旧床育苗，每平方米可用 40% 福尔马林 30ml 加水 3kg，配成溶液处理床面，用塑料膜闷盖 5 天，然后揭膜使药剂散尽，15 天后再播种。番茄溃疡病发生敏感期及时喷药保护，可选用 1∶1∶200 的波尔多液、氢氧化铜、琥胶肥酸铜。每隔 7 ～ 10 天喷 1 次，连喷 3 ～ 4 次。发病初期，可选用叶枯唑等喷雾抑制病害的进一步蔓延。

18 番茄叶霉病

概　况

番茄叶霉病，俗称“黑毛”，是番茄保护地栽培的一种常见叶部病害，世界各地均有发生。

病　原

病原为番茄叶霉菌 *Fulvia fulva*（Cooke）Cif.，属子囊菌门褐孢霉属真菌。分生孢子梗成束地从气孔中伸出，暗橄榄色，稍具分枝，有 1 ～ 10 个隔膜，许多细胞上端向一侧膨大，其上产生分生孢子，产孢细胞单芽生或多芽生，合轴式分枝，分生孢子串生，孢子链通常分枝，孢子圆柱形或椭圆形，淡褐色至深褐色，光滑，具 1 ～ 3 个隔膜，大小为（10 ～ 45）μm×（5.0 ～ 8.8）μm。

危害特征

主要危害叶片。先从中下部叶片开始发病，逐渐向上部叶片扩展。叶片正面

番茄叶霉病（A：叶正面；B：叶反面）

番茄叶霉病（正面，严重发生）

现椭圆形或不规则形淡黄色褪绿斑，后期病部生褐色霉层或坏死；叶背病部初生白色霉层，后变为紫灰色至黑色致密的绒状霉层。条件适宜时，病斑正面也可长出霉层；病重时，叶片布满病斑或病斑连片，叶片逐渐卷曲、干枯。

侵染循环

病原以菌丝体或菌丝块在病残体内或种子上越冬。翌年如遇适宜的条件，产生分生孢子，借气流传播，侵入寄主后菌丝蔓延于细胞间，产生吸器伸入细胞内，吸收寄主的养分和水分，后在病斑上又产生分生孢子进行再侵染。菌丝在10～35℃均能生长，最适生长温度为20～25℃。在适宜的温度下，分生孢子在5～30℃的温度范围内均能萌发产生芽管，以20～25℃最适宜。在一定温度下，空气相对湿度在85%以上时，分生孢子能够萌发。相对湿度增大，萌发率提高，在水中萌发率最高。分生孢子萌发的pH值范围为2.2～9.0，以pH值3.5～5.5最好。

发生规律

番茄叶霉病与气象因素、栽培环境和品种抗性密切相关，北方保护地以春秋季发病重，冬季发病较轻。同样品种，定植密度大、连茬种植、管理不当更易发病。

防治方法

（1）种子处理。采用52℃温水浸种30分钟，或用高锰酸钾500倍液浸种30分钟，或使用其他种衣剂进行包衣，可以清除种子内外的病菌。

（2）农业防治。选用抗病品种，重发区应与瓜类、豆类蔬菜实行3年以上的轮作。育苗或生产前，及时进行苗床或棚室消毒。定植时适当密植，加强田间管理，及时整枝打杈，去掉老病叶，增施磷钾肥，增强植株抗性。病情发展时，可选择晴天中午，密闭棚室使温度上升到36～38℃，保持2小时可抑制病情发展。收获后及时清除病残体，并翻耕土壤。

（3）化学防治。发病初期及时进行防治。常用药剂有百菌清、氟硅唑、异菌脲、代森锰锌等进行喷雾。另外，可以用有效成分为百菌清的烟剂进行熏蒸。

19 番茄斑萎病毒病

概　况

番茄斑萎病毒病是番茄的一种重要病害，主要发生在热带地区，近年来温带地区也有发生，呈现蔓延趋势，严重影响产量和质量。

病　原

病原为番茄斑萎病毒（tomato spotted wilt virus，TSWV），属 Bunyavirales 目 Orthotospovirus 属。该属病毒起源于南亚及东南亚地区，是该科中唯一可侵染植物的属。番茄斑萎病毒粒子扁球状，直径 80 ～ 110nm，具包膜，三分体单链 RNA 基因组，三个片段的 5′和 3′末端含共有的 8 个保守互补碱基，可形成假环状结构。据报道，番茄斑萎病毒寄主有双子叶植物 69 科、单子叶植物 15 科以及 1 种蕨类植物，总数多达 1 090 种。

危害特征

一般在苗期感病，易在生长点及周围显症。初侵染时，幼叶产生小的黑褐色斑，逐渐褪绿为明亮黄色，茎秆和叶柄可产生暗褐色的条纹。发病植株严重矮化、叶片下垂和萎蔫，条件适宜时，生长点因系统性坏死而萎蔫死亡。生长初期即被侵染的植株不能结果，后期染病的植株结出的果局部隆起畸形，有时带棕色的小斑点。随着果实的成熟，成熟果实出现橘黄色和红色斑。该病脐部症状与脐腐病相似，但病果表皮变褐坏死有别于脐腐病。

番茄斑萎病毒病（叶片）

番茄斑萎病毒病（生长点）

侵染循环

在自然环境中，蓟马是番茄斑萎病毒最重要的传播媒介，已经记录可以传毒的蓟马有 9 种。自然情况下，蓟马若虫取食感病植株不到 15 分钟就可以持毒，经过 3 ～ 10 天潜伏期，蓟马成虫就能以持久且增殖的方式持续传毒 22 ～ 30 天，持毒蓟马不能通过生殖垂直传播给下一代。30℃气温持续出现一周左右，染病植株可出现隐症。

发生规律

温暖、干旱有利于蓟马发生，也有利于番茄斑萎病毒的发病与传播。田间杂草丛生，可为蓟马提供庇护场所，也有利于该病的再次发生与蔓延。

防治方法

（1）加强检疫。无病区要加强对调运植株的检疫监管，严禁从疫区调入种苗等繁殖材料。

（2）农业防治。发病区应种植抗病品种，开展与非茄果类蔬菜轮作，加强田间杂草防除，减少蓟马滋生来源。

（3）化学防治。重点防控蓟马。在蓟马严重发生时，在其敏感时期每次间隔 5 天，喷施噻虫嗪、阿维·螺虫酯等，连续防治 2 ～ 3 次做好蓟马防控，可达到间接控制病害的目的。

20 番茄煤污病

概 况

煤污病是番茄的一种普通病害，通常与蚜虫、粉虱伴生，蚜虫、粉虱严重发生时，煤污病也随之加重，严重影响果实质量。

病 原

病原为多主枝孢 *Cladosporium herbarum* Link et Fr. 和大孢枝孢 *Cladosporium macrocarpum* Preuss.，均为子囊菌门真菌。多主枝孢菌分生孢子梗褐色，椭圆形，直立，上部稍弯曲；分生孢子有隔膜 1 ～ 3 个，大小（10 ～ 20）μm×（5 ～ 8）μm。大孢枝孢菌分生孢子梗褐色，簇生或单枝，微弯曲；分生孢子淡褐色，椭圆形。

危害特征

主要危害叶片，也危害果实。叶片发病初期在叶面和叶背产生平铺状白色霉堆，以后渐变成灰黑色至黑褐色的霉堆。随病情发展，病叶黄化，霉斑背面叶肉组织坏死，形成大小不等的病斑。严重时叶片上病斑密布，短期内叶片枯死。病原侵染果实时，也会在表面产生平铺状白色霉堆，后期变黑，影响果实着色品质。

番茄煤污病（苗期严重发生）

侵染循环

番茄煤污病病原以菌丝和分生孢子在病叶、土壤及植物残体上越冬。春天产生分生孢子，借风雨及蚜虫、

番茄煤污病（叶片和果实）

介壳虫、粉虱等传播蔓延。

发生规律

番茄煤污病与刺吸害虫的发生程度密切相关，当棚室环境利于烟粉虱、白粉虱、蚜虫等发生时，它们产生的蜜露会导致或加剧番茄煤污病的发生。

防治方法

（1）农业防治。营造不利于粉虱等刺吸式害虫发生的条件，保持叶片清洁。

（2）化学防治。重点做好蚜虫、烟粉虱、白粉虱等刺吸式害虫的防控，可以有效预防病害的发生。

21 番茄脐腐病

概　况

番茄脐腐病是番茄的一种重要生理性病害，露地栽培中发生普遍，温室栽培有时也会发生。

危害特征

发生初期首先在果实顶端出现一个或几个凹陷的斑点，渐渐变为暗绿色的斑块。从发病开始大约一周后，病斑扩展到最大面积，最后收缩或萎陷，在胎座顶端形成 1 个凹陷的革质状枯斑，病斑附近的果皮也从褐色逐渐变为黑褐色。有的病斑中心有同心轮纹，果皮和果肉柔软，不腐烂，严重时扩展到小半个果实。多发生在 1 ～ 2 穗果上，同一花序上的果实几乎同时发病。在潮湿环境下病部常产生黑绿色或粉红色霉状物。病果实会提前变红成熟，并且比正常的果实小。

发生规律

发病因素较多。一般说脐腐病的初始发病期是在开花后的 12 ～ 15 天，此时果实体积增大速度相对较快，对钙的需求量相对较大，容易引起局部缺钙，导致

番茄脐腐病

番茄脐腐病

脐腐病的发生。光照弱，生产时间长，土壤含水量高，会引起发病。生育期间水分供应不均或不稳定易形成脐腐。干旱条件下喷洒波尔多液发病重。施用未腐熟的有机肥或施肥过多引起烧根也会造成发病。沙质土壤或黏重土壤易发病。

防治方法

（1）农业防治。对过黏或含沙过多的土壤，应结合深耕多施有机肥，增强保水能力。避免施用未腐熟的有机肥料，避免施用肥料的浓度过高。基肥以有机肥为主，结合整地施用过磷酸钙。追肥时应注意氮、磷、钾肥的配合使用，勿偏施氮肥。对于酸性土壤，要加施石灰，保证土壤不缺钙。番茄定植前应对土壤提前灌水满墒，早春定植时不宜浇大水。缓苗后，视土壤墒情可适当浇 1 次缓苗水。结果期保证水分供应，当结果中期通常处于气温急剧上升时期，此时切勿缺水干旱。生产中应及时整枝打杈，摘除病老黄叶，不仅利于果实对钙的吸收，也利于植株通风透光。还要注意进行疏花疏果，花序上坐果过多的，要适量摘除一些，一般保留基部 4 ～ 5 个坐果早的好果，这样不仅可减轻果实间对钙的争夺，也利于提高果实的整齐度和商品性。

（2）化学防治。番茄着果后 1 个月内是钙吸收的关键时期。喷 1% 过磷酸钙，或 0.5% 氯化钙加 5mg/kg 萘乙酸、0.1% 硝酸钙及爱多收 6 000 倍液，从初花期开始，隔 15 天喷 1 次，连喷 2 次。

22 黄瓜霜霉病

概 况

黄瓜霜霉病是保护地黄瓜栽培中发生最普遍、危害最严重的病害。如不及时防治，将给黄瓜生产造成毁灭性的损失。在流行年份受害地块黄瓜减产20% ～ 30%，严重流行时损失达 50% ～ 60%，甚至绝收。

病 原

病原为古巴假霜霉菌 *Pseudoperonospora cubensis*（Berk. & M. A. Curtis）Rostov.，属鞭毛菌亚门真菌。孢囊梗，单生或 2 ～ 4 根束生，从气孔伸出，无色，主干 144.2 ～ 545.9 μm，上部有 3 ～ 5 次锐角分枝。孢子囊柠檬形，淡褐色，单胞，顶端有突起，大小为（18.1 ～ 41.6）μm×（14.5 ～ 27.2）μm。孢子囊萌发后长出芽管，低温时孢子囊释放出游动孢子，1 ～ 8 个，在水中游动后形成休眠孢子，产生芽管。

黄瓜霜霉病（叶背面）

危害特征

苗期和成株期均可发病。主要危害功能叶，偶尔也危害卷须、蔓和花梗，老叶发病重。子叶发病初期子叶出现褪绿色黄斑，后变黄干枯，湿度大时出现紫黑色霉层。叶片发病初期只是出现水浸状小斑点，病斑不断扩大，形成因受叶脉限制的多角形病斑，黄褐色。潮湿时背面长出紫黑色霉层。后期病斑破裂或连片，引起叶缘卷缩干枯，仅留心叶。感病品种病斑大，易连接成大块黄斑后迅速干枯；抗病品种病斑小，褪绿斑持续时间长，在叶面形成圆形或多角形黄褐色斑，扩展速度慢，病斑背面霉层稀疏或很少。

黄瓜霜霉病（叶正面）

侵染循环

周年种植黄瓜地区，病原在病叶上越冬或越夏。北方冬季不种黄瓜地区，则靠季风从邻近地区吹来孢子囊。孢子囊可直接萌发，长出芽管。但低温时，孢子囊释放出游动孢子，在水中游动片刻后形成休眠孢子，再产生芽管。从寄主气孔或细胞间隙侵入，在细胞间蔓延，靠吸器伸入细胞内吸取营养。此病原除侵染黄瓜以外，还可以侵染香瓜、南瓜、丝瓜、葫芦等。

发生规律

黄瓜霜霉病发生与气候因素、栽培因素和品种抗性密切相关。温度、湿度是病害发展流行的主要条件。高湿是发病的重要条件，叶面没有水滴或水膜，孢子囊不能萌发和侵入，病害就不会发生。温度低于 15℃或高于 28℃，不利于病害的发生。温室大棚内通风不良，湿度过高，结露多，有利于孢子囊的形成和病原的萌发、侵入，湿度过高，结露多，叶面有水滴或水膜，也易于病害的发生流行。保护地栽培中，早春和晚秋为易发病季节。地势低洼，土壤质地差，肥料不足，栽培过密，通风不良或浇水次数过多都能加重病害的发生。

防治方法

（1）农业防治。选用抗病品种，定植健康壮苗。发现病株，要立即拔除或针对性治疗。加强田间管理，推广滴灌和无滴塑料膜，合理增施有机肥和磷钾肥。结瓜后及时打去底部老叶，增加田间通透性。棚内局部发病重，但瓜秧较健壮，可以在晴天上午浇水后将棚室封严，迅速使黄瓜生长点部位的温度升高到 42 ～ 45℃，2 小时后多通风。

（2）化学防治。育种或播种时，可按种子重量的 0.1%，选用 35% 甲霜灵进行拌种。苗期和生长前期，当发现中心病株时要及时用药防治。保护地栽培，可选择有效成分为百菌清的烟剂熏蒸或粉尘剂防治。生育期，可以定期喷施 DL-3-氨基丁酸等免疫诱抗剂，促进植株健康。发病初期，可以选用烯酰吗啉、霜脲 · 锰锌、代森锰锌等药剂进行防控。

23 黄瓜细菌性角斑病

概 况

细菌性角斑病是黄瓜生产上的主要病害。全国各地均有发生，东北、华北发生重。随着塑料大棚栽培的普及，该病的危害日趋严重。一些老菜区减产10%～30%，严重的减产50%以上，甚至绝收。

病 原

病原为丁香假单胞杆菌黄瓜角斑病致病型 *Pseudomonas syringae* pv. *lachrymans*（Smith et Bryan）Young，et al.，属薄壁菌门假单胞菌属细菌。菌体短杆状，相互呈链状连接，具端生鞭毛1～5根，大小为（0.7～0.9）μm×（1.4～2）μm，有荚膜，无芽孢，革兰氏染色阴性，在金氏B平板培养基上，菌落白色，近圆形或略呈不规则形，扁平，中央突起，污白色，不透明，具同心环纹，边缘一圈薄且透明，菌落直径5～7mm，外缘有放射状细毛状物，具黄绿色荧光。此病原可以侵染黄瓜、葫芦、西葫芦、丝瓜、甜瓜、西瓜等。

危害特征

苗期至成株期均可受害。主要危害叶片，也可侵染茎、叶柄、卷须、果实等。叶片感病，先在叶片上出现水浸状的小病斑，病斑扩大后因受叶脉限制而呈多角形，灰褐色或黄褐色，湿度大时叶背溢出乳白色、浑浊水珠状菌脓，干燥后具白痕，后期干燥时病斑中央干枯脱落穿孔。茎、叶柄、卷须发病，侵染点水渍状，沿茎沟纵向扩展，呈短条状，湿度大时也见菌脓，严重的纵向开裂呈水渍状腐烂，变褐干枯，表层残留白痕。瓜条偶尔受害，出现水渍状小斑点，扩展后不规则或连片，病部溢出大量污白色菌脓。条件适宜时，病斑向表皮下扩展，并沿维管束逐渐变色，并深至种子，使种子带菌。幼瓜条感病后腐烂脱落，大瓜条感病后腐烂发臭。瓜条受害常伴有软腐病菌侵染，呈黄褐色水渍腐烂。

黄瓜细菌性角斑病（正面，王泽民　摄）

侵染循环

病原在种子内或随病残体存留在土壤中越冬，成为翌年初侵染源。远距离传播主要以种子带菌，也可随病残体遗留在土壤中作为初侵染源。病菌由叶片或瓜条伤口、气孔、水孔侵入，进入胚乳组织或胚根的外皮层，造成种子内部带菌。初侵染大多从近地面的叶片和瓜条开始，然后逐渐扩大蔓延。此外，采种时病瓜接触污染的种子可致种子表面带菌。病菌在种子内可存活 1 年，在土壤中的病残体上可存活 3 ～ 4 个月。播种带菌种子，出苗后子叶发病，病菌在细胞间繁殖，保护地黄瓜病部溢出的菌脓，借棚顶大量水珠下落，或结露及叶缘吐水滴落、飞溅传播蔓延，进行多次重复侵染。

发生规律

带菌种子是发病的主要途径。田园不洁，连茬或连套种植，以及根茬过多，施肥未经充分腐熟等均有利于该病的发生和流行。棚室内湿度过大，叶面结露或叶缘吐水，光照不足或长时间阴雨，有利于病原的扩展与蔓延。温度20～28℃，相对湿度大于70%，叶面结露或叶缘吐水，则发病快，另外，棚室前缘及棚内低洼处和有水滴处，往往形成发病中心，连阴雨天往往造成较高的发病率。

防治方法

（1）种子处理。种子用70℃恒温干热灭菌72小时，或50℃温水浸种20分钟，晾干催芽播种，或用次氯酸钙300倍液浸种30～60分钟，或40%甲醛水剂150倍液浸种1.5小时，洗干净后催芽播种。

（2）农业防治。选用津春1号、津优30号、津研2号（或6号）、中农5号（或13号）等抗病性强的品种。推广与非瓜类作物实行2年以上轮作。用基质穴盘育苗，培育壮苗。推广高垄地膜覆盖栽培，黄瓜定植后至生长前期适当少浇水，避免大水漫灌，提高地温，控制湿度，促进根系生长。适时适量放风排湿，收获后做好田园清洁。

（3）化学防治。推荐药剂有春雷霉素、噻森铜、中生菌素、氢氧化铜等。每5～7天喷1次，连喷3～4次，注意轮换使用。

24 瓜类蔓枯病

概 况

瓜类蔓枯病在各地均有发病。常造成20%～30%的减产。

病 原

病原为甜瓜球腔菌 *Mycosphaerella melonis*（Pass.）W. F. Chiu & J. C. Walker.，属子囊菌门真菌。病原在PDA培养基上生长速度缓慢，菌落近圆形，初为乳白色，后期变为淡黄色，气生菌丝发达。分生孢子球形至扁球形，直径为182.8～188.6μm，孔口明显。分生孢子椭圆形或圆筒形，无色，双细胞，大小为（11.2～11.4）μm×（4.1～4.3）μm。子囊座半埋生于寄主茎蔓表皮下，子囊座中形成1个子囊腔。子囊腔球形至扁球形直径为128.4～133.2μm，顶

西瓜蔓枯病

部略外露，壁膜质，黑褐色，孔口周缘壁深黑色，孔口直径为 26.6 ～ 30.6μm。子囊多圆筒形，无拟侧丝，无色，稍弯，大小为（100.9 ～ 108.9）μm×（11.1 ～ 11.5）μm。子囊孢子椭圆形，无色双胞，两细胞大小相等，分隔处缢缩明显，子囊孢子大小为（13.7 ～ 14.1）μm×（6.8 ～ 7.0）μm。该病原可以侵染黄瓜、冬瓜、西葫芦、南瓜、西瓜、苦瓜等。

危害特征

主要危害茎蔓，也危害叶片和果实等部位。茎蔓发病时，如遇高温高湿天气，病株叶片就会出现白天萎蔫，到了夜间又恢复，反复数日后，整株叶片下垂靠近节部呈现油渍状病斑，椭圆形或菱形，灰白色，稍凹陷，有时溢出琥珀色树脂样胶状物，叶片失去功能。干燥时病部干缩纵裂，表面散生大量小黑点，潮湿时病斑扩散较快，绕茎一圈便使植株上半部萎蔫枯死，病部腐烂。叶片被害时产生近圆形或不规则形的大病斑，有的病斑自叶缘向内发展呈“V”形或半圆形，淡褐色，后期病斑易破碎，常龟裂，干枯后呈黄褐色至红褐色，病斑上密生黑色小点。果实多从幼瓜的花器感染，果肉淡褐色软化，呈心腐症。蔓枯病多从茎蔓的表皮向内部扩展，但维管束不变色，这与枯萎病不同，病害仅造成局部烂蔓。

侵染循环

病原以分生孢子器或子囊壳随病残体在土中，或附着在种子、架杆、棚架上越冬。通过风雨及灌溉水传播，从气孔和水孔或伤口侵入。

发生规律

平均气温 18 ～ 25℃，相对湿度高于 85% 时易发病。田间高温多雨发病重。保护地适温高湿，通风不良利于发病。连作地、平畦栽培、排水不良、密度过大、光照不足、植株生长衰弱，发病重。

防治方法

（1）种子处理。用 55℃恒温水浸种 15 分钟，捞出后放入冷水中冷却后播种。

（2）农业防治。实行 2 ～ 3 年轮作，最好实行水旱轮作。及时清除病株，深埋或烧毁。要适当配合使用磷、钾肥，增强植株长势；阴天不浇水，晴天多放风，降低温室或大棚的相对湿度。在病害开始发生时，可选择晴天早上浇水，浇完后闭棚，使棚内温度上升到 38 ～ 40℃，保持 1 ～ 2 小时，然后逐渐放风排湿，对抑制病原菌侵染效果良好。

（3）化学防治。发病初期，可选用嘧菌酯、氟硅唑、苯醚 · 嘧菌酯进行预防。

25 黄瓜花打顶

概况

黄瓜花打顶又称花抱头、花抱顶和瓜打顶，是开花坐果期常常出现的一种生理性病害。该病一旦发生，往往是大面积甚至全田发病，常导致换茬拉秧的后果。

危害特征

黄瓜生长点附近的节间缩短，生长点形成雌花和雄花间杂的花簇。开花幼瓜不长，也不生出心叶。

黄瓜花打顶

黄瓜花打顶

发生规律

黄瓜花打顶多发生于保护地，苗期或定植初期最易发生，中后期坐果期也是很容易发生的一个关键时期。发病原因有温度异常、水分异常、营养异常等。高温干旱土壤缺水，或肥料过多而水分不足，或出现沤根，或出现短暂突然降温，根系受到伤害，吸收养分受阻，定植时伤根等情况出现时，易发生该病。

防治方法

黄瓜花打顶一般不可逆，因此生产中要以预防为主，加强田间管理，减少形成花打顶的发生条件。定植老龄苗引起的花打顶，可以用生根粉或赤霉酸与尿素混合进行灌根，配比方法为 10 ～ 100mg 生根粉或 15 ～ 20mg 赤霉酸加 2.5g 尿素兑水 1kg，每次每株灌 0.5kg 溶液；干旱、施肥过量、盐碱危害引起的花打顶，要及时浇水或叶片喷水增加棚内湿度，解除干旱，减轻盐害；沤根出现的花打顶，棚室或露地地温要提高到 10℃以上，发现根系出现灰白色水浸状症状时，要停止浇水，及时中耕降低土壤含水量；对夜温低出现的花打顶，要设法提高夜温，前半夜气温要求达到 15℃，持续 4 ～ 5 小时，后半夜可保持在 10℃上下即可。

26 茄子黄萎病

概况

茄子黄萎病是茄子的主要病害，各地均有分布，发病率 10% ～ 20%，重病地发病率可达 90% 以上。

病原

病原为大丽花轮枝孢 *Verticillium dahliae* Kleb.，属子囊菌门轮枝孢属真菌。菌丝体初生无色，老熟时变褐色，有隔膜。分生孢子梗较长，直立，长 110 ～ 200 μm，第 1 次分枝 2 ～ 3 出或互生，第 2 次分出轮枝，在 1 个主轴上形成 1 ～ 5 个轮层，每个轮层有轮枝 1 ～ 3 根，轮枝长 7.5 ～ 31.2μm，轮距 12.43 ～ 24.86μm，顶枝长 12.4 ～ 37.3μm，顶枝和轮枝顶端着生分生孢子，有水滴时，多个分生孢子会聚集在顶端。分生孢子椭圆形，单孢无色，有时浅黄色，大小为（2.50 ～ 6.25）μm×（2.00 ～ 3.00）μm。这种病原可以侵染茄子、辣椒、番茄、棉花、马铃薯、瓜类、蚕豆、白菜等 270 多种植物。

危害特征

定植以后开始显症，坐果后症状更明显。病株较矮，多自下而上或从一边向全株发展，最终导致半边变黄半边基本正常，因此该病俗称为“半边疯”。病株叶片的叶脉间、叶尖或叶缘褪绿、变黄，逐渐发展至整片叶变黄或黄化斑驳。早期病株晴天高温时病叶萎蔫，早晚或天气阴凉时恢复，后期病株彻底萎蔫，叶片黄萎、卷曲、脱落，严重时只剩下茎秆或心叶，植株死亡。但是一般不出现整株枯死的现象。剖检病根、茎、分枝及叶柄可见维管束变褐色。

侵染循环

病原以休眠菌丝、厚垣孢子和微菌核随病株残体在土中越冬，土壤中病原可存活 6 ～ 8 年，因此土壤带菌是该病的主要初侵染来源。病原也能以菌丝体和分生孢子在种子内、外越冬。病原通过根部伤口或幼根表皮及根毛直接侵入，首先

茄子黄萎病

在根部维管束内繁殖，再蔓延到茎、叶和果实中。常随种子调运而进行远距离传播。带菌肥料和带菌土壤借助风、流水、人、畜及农具等途径，将病原传到无病田。因此在未种过茄子的田块也可能发病，只是发病较轻。

发生规律

（1）气候因素。病原属于中低温病害。一般气温低，定植时根部伤口愈合慢，适合病原的发育，有利于病原从伤口侵入；如果从定植到开花期，日均温低于 15℃，持续时间长，则发病早而重；如此期间气温较高，雨水调和，病害明显减轻。

（2）栽培因素。地势低洼、施用未腐熟有机肥、浇水不当及连作地发病重。例如，有的地方直接使用冰凉的井水灌溉，可导致病情加重。

防治方法

茄子黄萎病是一种比较难防治的病害，应采取农业防治为主，药剂防治为辅的综合防治措施。

（1）种子处理。用 50% 多菌灵可湿性粉剂 500 倍液浸种 1 小时，然后用流水冲洗 20 ～ 30 分钟；或用 55℃热水浸种 15 分钟，移入冷水中冷却后催芽播种。

（2）农业防治。与葱、蒜等非茄科作物实行轮作 5 年以上，与水田轮作 1 年即很有效。苗期施足磷肥和腐熟有机肥，开花结果期增施钾肥和氮肥，棚室内增施二氧化碳气肥。嫁接栽培可有效控制茄子黄萎病发生，以托鲁巴姆、日本赤茄、刺茄作砧木，采用劈接法或靠接法嫁接。10cm 地温升至 15℃以上时开始定植。严重的病株要及时拔除。

（3）物理防治。夏季高温季节，先将田块表土层耕翻耙碎并喷水至湿润，用无色透明塑料薄膜覆盖严实，设施栽培可同期密闭棚室 15 天以上。对于发病严重的田块可考虑太阳光高温消毒与化学药剂熏蒸结合使用。

（4）化学防治。苗床用 50% 多菌灵可湿性粉剂，加细干土拌匀，撒于畦面，划锄入土，再播种育苗。重茬地和重病地，也可以用多菌灵进行土壤消毒处理。发病初期可选用多菌灵、甲基硫菌灵等进行灌根。

27 豇豆角斑病

概况

豇豆角斑病是豆角类生产中的一种常见病害，主要危害豆角叶片，严重影响了豆角的产量。

病原

病原为灰褐柱丝霉 *Phaeoisariopsis griseola*（Sacc.）Ferraris，属子囊菌门真菌。分生孢子梗无色或淡黄褐色，直立或密集成束，不分枝，顶端钝圆有小孢子痕，大小为（68.6 ～ 134.75）μm×（2.7 ～ 4.4）μm。分生孢子圆筒形或长梭形，基部钝圆平截，顶部略细，顶生或侧生，无色至浅褐色，微弯，具 0 ～ 5 个隔膜，大小为（26.95 ～ 66.15）μm×（4.9 ～ 7.35）μm。

危害特征

主要危害叶片。发病叶片上出现多角形灰色斑，直径 5 ～ 8mm，随病情发展病斑逐渐变为灰褐色至紫褐色，潮湿时叶背丛生灰紫色霉层。豆荚染病时灰褐

豇豆角斑病

豇豆角斑病（后期）

色至紫褐色，较大，不凹陷，潮湿时长出霉状物。

侵染循环

病原以菌丝块或分生孢子潜伏在种子上越冬。条件适宜时以分生孢子进行初侵染和再侵染。

发生规律

秋季发病重，多在开花后期发病。危害豆荚，侵染种子后可潜伏在种子上越冬。

防治方法

（1）种子处理。种子带菌可用45℃温水浸种10分钟消毒处理。

（2）农业防治。有条件的地方实行轮作，发病重的地块，收获后及时深翻。

（3）化学防治。可选用碱式硫酸铜、氢氧化铜、噁霜灵、琥·乙膦铝等药剂喷雾，隔7～10天喷1次，连喷1～2次。

28 豇豆锈病

概 况

豇豆锈病是豇豆种植中的一种重要病害，全国各地普遍发生，轻发生时对产量影响不大，夏秋季高温多雨时易流行，发病重时减产达30%以上。

病 原

病原为豇豆属单胞锈菌 *Uromyces vignae* Barclay，属担子菌门柄锈菌目真菌。孢子椭圆形，黄褐色，单胞，表面具细刺，大小为（21.1～31.7）μm×（18.7～24.3）μm。冬孢子球形，褐色，单胞，大小为（26.4～33.6）μm×（21.8～27.4）μm。

危害特征

豇豆锈病（叶正面）

豇豆锈病主要危害叶片，严重发生时，茎、叶柄和豆荚上也可出现病斑。一般中下部叶片先发病，发病初期，叶背形成稍微隆起的褪绿色小黄白色斑点，后逐渐扩大形成红褐色疱斑，有黄色晕圈，病斑在叶正面对应位置发生褪绿，微凹，逐渐扩大形成红褐色疱斑，即夏孢子堆。成熟后多从顶部破裂，散出红褐色粉状的夏孢子。条件适合时夏孢子堆外可形成次生夏孢子堆。叶脉、叶柄及蔓茎的病斑初期为梭形或近梭形条状，稍隆起，褪绿，水渍感，在蔓茎上有时出现纵裂，中央现褐色至黑褐色小粒点。蔓茎、叶柄及花梗上的夏孢子堆多为近圆形或短条状，也可围生一圈

豇豆锈病（叶背面）

长圆形的次生夏孢子堆。随着植株衰老或天气转凉，夏孢子堆转变为黑色的冬孢子堆，散出栗褐色粉状的冬孢子。

侵染循环

在北方寒冷地区，豇豆锈病病原菌以冬孢子在病残体上越冬，在南方温暖地区主要以夏孢子越冬越夏。冬孢子萌发后产生担孢子，通过气流传播，降落至叶片上，产生芽管侵入叶片，并产生性孢子和锈孢子。锈孢子成熟后在豇豆叶片上萌发并形成新的侵染，形成夏孢子堆。成熟后，借助气流进行重复侵染。在南方，夏孢子是豇豆锈病的初侵染源，冬孢子虽然存在，但在病害周年循环中并不占主要地位。夏孢子萌发温度 10 ~ 30℃，适宜温度 16 ~ 22℃。

发生规律

豇豆锈病发病的最适条件为 23 ~ 27℃、相对湿度 95% 以上，寄主表面的水滴或水膜是病菌萌发和侵入的必要条件。高温高湿条件下易发生流行，尤其是早晚露水重或雾气大利于该病发生。阴雨天气，发病最严重。在低洼积水、种植过密、通风不良的地块最易流行。

防治方法

（1）农业防治。选用矮性或蔓性细花等抗病品种，实行轮作栽培，合理密植，保证通风透光，避免偏施氮肥，同一地块错期播种。多雨季节，及时排水，防止低洼地积水。同时要搞好田园清洁，收获后及时对病残体无害化处理。

（2）化学防治。根据历年资料，可于发病前期喷氨基寡糖等植物免疫诱抗剂，或喷烯唑醇、苯醚甲环唑、戊唑醇等保护性或治疗性杀菌剂，隔 7 ~ 10 天喷 1 次，连喷 2 ~ 3 次。

29 甘蓝黑腐病

概况

甘蓝黑腐病是甘蓝的一种主要的细菌性病害。

病原

病原为野油菜黄单孢菌野油菜变种 *Xanthomonas campestris* pv. *campestris* (Pammel) Dowson.，属薄壁菌门黄单胞杆菌。菌体杆状，大小为（0.7～3.1）μm×（0.4～0.5）μm，极生鞭毛1根，无芽孢，不产生荚膜。革兰氏染色阴性。这种病原可以侵染甘蓝类蔬菜、大白菜、胡萝卜等多种十字花科蔬菜。

危害特征

黑腐病是一种维管束病害，从苗期到成株期均可染病，主要危害叶片、叶球、球茎及肉质根。子叶发病呈水浸状，后蔓延到真叶，叶脉上出现小黑斑或长短不等的小黑条，严重时干枯死亡。成株期，首先从叶缘开始发病，叶边缘叶脉先端出现很小的“V”形黄褐色病斑，周围有黄晕，逐步布满整个叶缘，外观形成一道圆弧形宽0.3～1.5cm波状黄褐病斑带，叶脉变黑，最后枯黄。环境适宜时，病菌由叶脉的维管束向上或向下侵染扩展至主茎，并再延伸到上位叶，造成植株的系统性侵染。病株外叶一片一片萎蔫或枯黄，有的病株中肋变褐、半侧叶生长受阻，严重时叶片呈现“歪柄”或“半边瘫”。

甘蓝黑腐病（单株）

侵染循环

病原可在种子内或随病残体在土壤中越冬，从幼苗子叶或真叶的叶缘水孔侵入，形成初侵染。还可通过伤口侵入，并迅速进入维管束引起叶片基部发病。留种株上病原由果荚柄维管束进入果荚，使种子带菌。

甘蓝黑腐病（连片）

发生规律

病原通过种子、农具或风雨传播，发生与气候因素和栽培因素有关。在16～28℃范围内连续降雨20mm以上，15～20天后甘蓝类蔬菜开始发病或病情指数明显增加。寡照有利于该病发生。黑腐病的寄主范围很广，危害所有的十字花科蔬菜。有研究表明虫害与甘蓝类蔬菜黑腐病的发生有关，从虫体获得的病原接种于甘蓝上能正常发病，并表现典型的黑腐病症状，虫害重的发病重，虫传病株率可达85%。

防治方法

（1）农业防治。选用无菌的抗病品种，提倡温汤浸种，可用50℃温水浸种20分钟，洗净晒干后播种。发病严重的地块与非十字花科蔬菜实行2～3年轮作。推广高垄高畦栽培，合理密植，雨后及时排水，防止土壤过湿过涝。加强田间管理，注意平衡施肥，促进植株健壮生长，提高抗病能力。甘蓝收获后，及时清除残根败叶，田外深埋或烧毁。深翻土壤，整地晒田，减少菌源。

（2）化学防治。推广使用种子包衣、药剂拌种、苗床棚室消毒技术。发病初期，及时喷施新植霉素、琥胶肥酸铜、络氨铜等药剂，注意根据说明书进行配比，防止植株对铜制剂过敏。此外，要注意防治害虫，减少病菌传播。

30 葱蒜类锈病

概　况

锈病是葱蒜类的一种主要病害。各地均有分布，对产量和质量有严重影响。

病　原

病原为葱柄锈菌 *Puccinia allii*（DC.）F. Rudolphi 和葱锈菌 *P. porri*（Sawerby）G. Winter，属担子菌门真菌。两种病原的夏孢子和冬孢子形态基本相同，但寄主范围有明显差异。夏孢子为单细胞，淡褐色，椭圆形至圆形，表面有稀疏的细刺，橙黄色或黄褐色，大小为（19.2～32）μm×（16～25.9）μm。冬孢子为双细胞，和柄连在一起呈棍棒状。单个细胞的形态为长椭圆形或近球形，深褐色或黑褐色。顶孢的顶端略突起，色泽较淡。冬孢子的大小为（19～26）μm×（15～20）μm，壁厚1～2μm。葱柄锈菌只寄生葱属植物，而葱锈菌除葱属外，还寄生大蒜、韭菜等。

危害特征

大葱锈病主要发生在葱叶上，也可发生在叶鞘上。发病初期叶片上出现零星白色突起的小泡点，后发展成圆形、椭圆形或梭形小斑。单个病斑大小为（2～3）mm×（3～5）mm，颜色由白转黄，表皮开裂。裂开的表皮下有橙黄色粉末，为夏孢子。秋末及冬季发生的病斑，由白色转为黑褐色，表皮裂开后散出紫褐色粉末，为冬孢子。感病植株如能长到冬季，夏季形成的病斑也可产生冬孢子堆，但冬孢子堆不在原病斑的中心，而在扩

大葱锈病

大蒜锈病

大后的病斑边缘。感病后期，病斑处叶片表皮破裂，生长受阻，严重时葱叶上布满大量疤痕，损耗大量水分，也可导致腐生菌侵入，植株快速枯死和腐烂。

大蒜锈病主要危害叶片和假茎。发病初期，叶片表皮下产生椭圆形稍隆起橙黄色小斑点，即夏孢子堆，随后表皮破裂，散出橙黄色粉末即夏孢子，后期病部形成黑褐色疱斑即冬孢子堆。发病严重时叶片布满锈粉，发黄枯死。

侵染循环

病原以冬孢子在病残体上越冬。病原随气流传播，从寄主表皮或气孔侵入，进行初侵染和再侵染。

发生规律

葱蒜类锈病一般发生于低温高湿的气候条件下，孢子萌发的最适合温度是9～18℃，潜伏期是10天。当气温在24℃以上时，发病受限。春、秋季连阴雨、气温较低时，发病严重。如果冬季温暖多湿，有利于病菌越冬，翌年春季锈病严重。在夏季，如果低温多雨，则秋季发病严重。田地肥力不足，植株生长不良也是发病严重的一个因素。

防治方法

（1）农业防治。提高土壤肥力，多施磷钾肥，增强植株的抗病能力。发病重的田块，应提前收获，并避免在附近种植蔬菜其他葱蒜类蔬菜。大棚栽培要注意保温除湿，控制发病条件。

（2）化学防治。发病初期及时防控，药剂种类有己唑醇、戊唑醇、腈菌唑、苯醚甲环唑、烯唑醇、嘧菌酯等，隔5～7天喷1次，连喷2次，注意轮换用药。

31 大葱紫斑病

概 况

大葱紫斑病是葱类的一种主要病害，各地均有分布，直接影响葱叶的食用价值和葱籽的产量。

病 原

病原为葱链格孢 *Alternaria porri*（Ell.）Ciferri，属子囊菌门真菌。分生孢子梗单生或丛生，长度可达120μm左右，顶生一个分生孢子。分生孢子棍棒状或长椭圆形，黄褐色，8～12个横隔膜，0个或数个纵隔膜，大小为（110～280）μm×（15～20）μm。病原主要侵染葱属植物。

危害特征

主要危害叶和花梗。发病初期呈水浸状白色斑点，病斑迅速扩大形成宽1～3cm、长2～4cm的纺锤形凹陷斑，先为淡褐色，随后变为褐色至青紫色，周围具有黄色晕圈。部分病斑逐渐褪色并形成同心轮纹，湿度大时斑面上产生黑褐色煤粉状霉。如病斑围绕叶或花梗扩大，可使之从病斑处折断。

大葱紫斑病（初期）

大葱紫斑病（后期）

侵染循环

南方地区多以分生孢子在葱类作物上辗转危害。北方寒冷地区以菌丝体在寄主体内或病残体上越冬。借气流或雨水传播，从气孔、伤口或表皮侵入，潜育期1～4天。蓟马严重发生时，伤口增多，发病会加重。

发生规律

发病条件为温暖多湿，发病适温为25～27℃，温暖多湿的夏季发病重。低于12℃则不发病。沙质土，旱地，旱苗或老苗，缺肥，以及葱蓟马危害重的田块发病重。

防治方法

（1）种子处理。病原可附着在种子上传播，可用有效成分为福美双、多菌灵、甲基硫菌灵等的种衣剂按说明进行药剂拌种。

（2）农业防治。施足基肥，加强田间管理。实行2年以上轮作。

（3）化学防治。发病初期喷百菌清、甲霜灵·锰锌等，隔7～10天喷1次，连续喷3～4次。另外，需要防治蓟马，防止造成利于病菌侵入的伤口。

32 菠菜霜霉病

概 况

霜霉病是菠菜的一种主要病害。各地均有分布。病株率 10% ～ 30%，严重时病株率可达 60% 以上，显著影响产量和质量。

病 原

病原为粉霜霉菠菜专化型 *Peronospora farinosa*（Fries）Fries f. sp. Spinaciae，属卵菌门霜霉科霜霉属。孢囊梗从气孔伸出，长度为 200 ～ 450μm。孢囊梗无色，分枝与主轴成锐角，分枝 3 ～ 6 次。孢子囊卵形，半透明，顶生，无乳状突，单胞，大小为（18 ～ 34）μm×（16 ～ 24）μm。卵孢子球形，黄褐色，具厚膜，大小为 24 ～ 38μm。

危害特征

主要危害叶片。受害叶片正面初为淡绿色水渍状圆形小点，边缘不明显，逐渐发展为较大的黄色圆形病斑；后期扩大呈不规则形，叶背病斑上产生灰白色霉层，再变为紫灰色；病斑从植株下部向上发展，严重时一片叶上病斑多达数十个，病叶干旱时枯黄，潮湿时腐烂。

菠菜霜霉病（A：叶背面；B：叶正面）

菠菜霜霉病（连片）

侵染循环

病原以菌丝在被害的植株和种子上或在病残体上越冬，翌年春天借气流、雨水、农具、昆虫及农事操作传播蔓延。

发生规律

春季及秋末冬初发生较重。当气温为 7 ～ 16℃，在多雨多雾潮湿的环境下易发病。种植密度过大，田间积水，播种过早，发病重。

防治方法

（1）农业防治。按照品种推荐密度种植，加强栽培管理，早春发现中心病株后，要及时拔除。

（2）化学防治。育种或播种时，可按种子重量的 0.1%，选用甲霜灵进行拌种。田间发现中心病株时，除清除病株外，还可选择有效成分为百菌清、烯酰吗啉、霜脲·锰锌、代森锰锌等的药剂进行防控。

33 霜霉病（生菜、莴苣、油麦菜）

概 况

霜霉病是生菜、莴苣、油麦菜的主要病害，各地均有分布，以南方多雨潮湿地区或北方保护地危害重，危害严重时可以造成大量叶片枯死。

病 原

病原为莴苣盘梗霉 *Bremia lactucae* Regel，属卵菌门盘梗霉属。孢囊梗单生或2～6根束生，无色，无分隔，主干基部稍膨大，二叉状锐角对称分枝4～6次，长度为216～536μm；孢囊梗顶端分枝扩展成小蝶状，大小为3.0～5.0μm，每个小短梗上长一个孢子囊；孢子囊单胞，无色，卵形或椭圆形，具乳突状突起或突起不明显，大小为（14.28～19.9）μm×（14.28～25.7）μm，易脱落；通常孢子囊直接萌发产生芽管，但是在黑暗、低温、水分充足的情况能产生游动孢子。卵孢子球形，黄褐色至褐色，孢壁皱缩，直径为26～34μm。该病菌属于专性寄生菌，目前只能在活体上生存、繁殖，侵染寄主主要有莴苣、生菜、油麦菜、蒲公英、栽培菊苣菜等菊科植物。

危害特征

从幼苗至成株均可发病，以成株期危害严重。主要危害叶片。发病时，先从植株下部老叶上产生淡黄色近圆形病斑，受叶脉限制时呈多角形；潮湿环境下，病斑背面产生白色霜霉层。后期病斑变为黄褐色，多数病斑常连成一片，致使全叶发黄枯死。

侵染循环

病原在秋播莴笋或生菜上越冬，也可在一些多年生菊科杂草上或附着在种子上越冬。气温高的地区病原无明显越冬现象。病原主要由风雨、昆虫等传播。

霜霉病（A：生菜；B：莴苣；C：油麦菜）

发生规律

生菜霜霉病的发生与气候条件、栽培管理、品种抗性等因素的关系十分密切。油麦菜霜霉病喜低温高湿，发病温度为 1 ～ 19℃，最适发病环境条件是气温 15 ～ 17℃、相对湿度 90% 以上，最易发病阶段为成株期，最易发病时期为春秋季，低温多雨，昼夜温差大的年份发病重，反之则较轻。

防治方法

（1）农业防治。选用抗病品种，凡植株带紫红或深绿色的品种表现抗病，如红皮生菜。实行与豆科、百合科、茄科蔬菜 2 ～ 3 年的轮作。合理密植，推广滴灌，增加中耕次数，避免田间积水或过湿。发现中心病株时，及时拔除并无害化处理，收获后及时进行田园清洁。

（2）化学防治。育种或播种时，可按种子重量的 0.1%，选用甲霜灵进行拌种。定植后，可以选用烯酰吗啉、霜脲·锰锌、代森锰锌等药剂进行防控。

34 花椰菜霜霉病

概 况

花椰菜霜霉病发生较为普遍，对生产有明显影响。

病 原

病原为寄生霜霉 *Peronospora parasitica*（Pers.）Fr.，属卵菌门真菌。寄生霜霉是一种专性寄生菌，在不同寄主属、种间存在致病性差异，具有生理小种分化。菌丝无色，无隔膜，蔓延于细胞间，靠吸器伸入细胞内吸收水分和养分，吸器球形至梨形或囊状。无性态在菌丝上产生孢子囊梗，从气孔伸出，单生或2～4根束生，无色，无分隔，全长192.0～233.0μm，主干基部稍膨大，上部锐角二叉分枝，分枝1～7次，多为3～6次，枝端尖细，生1个孢子囊。孢子囊无色，单胞。

危害特征

花椰菜幼苗和成株均可发病。幼苗受害，叶片背面出现白色霉状物，即病原菌的孢子囊和孢囊梗，正面症状不明显，严重时叶片、幼茎变黄死亡；成株期发病主要危害叶片，也可危害花梗和种荚。叶片发病一般从下部开始，正面出现褪绿黄斑，水渍状，后变为黄色至黄褐色，病斑受叶脉限制呈多角形或不规则形，在干燥条件下病斑边缘明显，潮湿条件不明显。叶背可见稀疏的白霉。严重时，病斑相连，造成叶片枯黄而死。危害花梗和种荚，可造成畸形、弯曲和膨肿，潮湿时也有霉层。

霜霉病（甘蓝）

侵染循环

北方地区，病原一般以卵孢子或菌丝体在遗落土壤中的病残体上越冬，可

花椰菜霜霉病

伴随种子调运远距离传播。翌年，温湿度适宜时，卵孢子和休眠菌丝产生的孢子囊及游动孢子借助风雨、流水或田间操作等传播，从寄主气孔或细胞间隙进行首次侵染。发病后，在病斑上产生孢子囊进行再侵染，引起病害的扩散和蔓延。夏季，病原菌以卵孢子休眠约 2 个月，再侵染秋菜，然后开始越冬。南方全年可种植十字花科作物的区域，病原菌全年无越冬现象。

发生规律

花椰菜霜霉病喜多雨潮湿、稍冷凉、昼夜温差大的气候条件，在多雨、多雾、多露、气温忽高忽低、昼夜温差大时，病害发生较重。当日平均气温 15 ～ 24℃、相对湿度 70% ～ 75% 时，或植株表面存有水滴，霜霉病极易流行。北方地区，春季重于秋季；南方地区，春、秋季发病都比较普遍。另外，低洼潮湿、肥力较差、土质黏重的菜田发病重。

防治方法

（1）农业防治。选用抗病品种，与非十字花科作物进行轮作，苗床注意通风透光，避免产生高湿环境。适时播种，加强田间管理，避免大水漫灌，收获后及时进行田园清洁。

（2）化学防治。选用福美·拌种灵等种衣剂进行拌种，防止种子带菌。发病初期，可选用氰霜唑、霜霉威、精甲霜灵、百菌清、嘧菌酯等进行交替使用，每 7 ～ 10 天喷洒 1 次，连喷 2 ～ 3 次。湿度较大时，可选用百菌清烟剂进行熏蒸。

35 白菜霜霉病

概况

霜霉病是大白菜的一种主要病害，被列为大白菜三大病害之一。

病原

病原同花椰菜霜霉病。

危害特征

苗期受害，初期叶正面无明显症状，叶背面有白色霜状霉层，后期病叶发黄，整株枯死。成株期受害，初期呈现淡绿色水渍状斑点，叶正面不表现症状，伴随着病情发展，逐渐出现黄色至黄褐色的病斑，由于病斑扩大常受叶脉限制，因而霜霉病病斑常为多角形或不规则形，叶背面病斑处密生灰白色霉层，后期组织干枯。包心期，若环境条件适宜，病情发展迅速，叶片的病斑不断增加，并连接成片、逐渐干枯，病情从外叶向内叶发展，最后田间一片枯黄，只剩下叶球。留种株受害，花梗肥大、肿起、弯曲，呈“龙头”状，病部生有白霉，花器肥大畸形，花瓣变为绿色、瘦小、久而不落，感病种荚呈淡黄色、瘦小、不结实或结实不良。

侵染循环

北方地区，病原一般以卵孢子或菌丝体在遗落土壤中的病残体上越冬，可伴随种子调运远距离传播。翌年，温湿度适宜时，卵孢子和休眠菌丝产生的孢子囊及游动孢子借助风雨、流水或田间操作等传播，从寄主气孔或细胞间隙进行首次侵染。发病后，在病斑上产生孢子囊进行再侵染，引起病害的扩散和蔓延。夏季，病原菌以卵孢子休眠约 2 个月，再侵染秋菜，然后开始越冬。南方全年可种植十字花科作物的区域，病原菌全年无越冬现象。

白菜霜霉病

发生规律

平均气温 16℃左右易发病流行，高湿多雨利于发病。此外，天气多露、多雾也有利于病原侵入。菜株叶片开始衰老进入发病高峰，多在生长中后期发病。白菜苗期子叶最易感病，真叶较抗病。

防治方法

（1）农业防治。选用抗病品种，与非十字花科作物进行轮作，苗床注意通风透光，避免产生高湿环境。适时播种，加强田间管理，避免大水漫灌，收获后及时进行田园清洁。

（2）化学防治。选用福美·拌种灵等种衣剂进行拌种，防止种子带菌。发病初期，可选用氰霜唑、霜霉威、精甲霜灵、百菌清、嘧菌酯等进行交替使用，每 7 ～ 10 天喷洒 1 次，连喷 2 ～ 3 次。湿度较大时，可选用百菌清烟剂进行熏蒸。

36 大白菜软腐病

概 况

软腐病是大白菜的一种主要病害，被列为大白菜三大病害之一，一般从莲座期至包心期开始发病。

病 原

病原为胡萝卜软腐欧文氏菌胡萝卜软腐致病型细菌 *Erwinia carotovora* subsp. *carotovora*（Jones）Bergey et al.。此菌在培养基上的菌落为灰白色，圆形或不定形，菌体短杆状，大小为（0.5～1.0）μm×（2.2～3.0）μm，周生鞭毛 2～8 根，无荚膜，不产生芽孢，革兰氏染色阴性。在 pH 值 5.3～9.2 均可生长，最适 pH 值为 7.2。病原在缺氧条件下也能生长发育，不耐阳光和干燥，在日光下暴晒 2 小时，大部分死亡，脱离寄主在土中只能存活 15 天左右。

危害特征

大白菜软腐病可分为基腐型、心腐型和外腐型 3 种类型。基腐型：植株外围叶片在烈日下顶端萎蔫，早晚可以恢复，持续几天后，病株外叶平贴地面，心部或叶球外露。发病严重的植株，结球小，叶柄基部和根茎处心髓组织完全腐烂，轻碰病株即倒，充满灰黄色黏稠物，臭气四溢。心腐型：病原由菜帮基部伤口侵入菜心，形成水浸状湿润区，逐渐扩大后，变为淡灰褐色，发病组织呈黏滑软腐状。部分叶球腐烂，结球外部无病状。外腐型：病原由叶柄外部叶片边缘或叶球顶端伤口侵入，引起外叶边缘焦枯，或在多雨条件下顶叶腐烂，在天气转晴干燥时腐烂叶片干枯呈薄纸状。

侵染循环

病原主要在病株、土中病残体和害虫体内越冬，病菌借雨水、灌溉水、带菌肥料、昆虫等传播，从菜株伤口侵入。

大白菜软腐病

发生规律

直筒型品种发病轻。白菜播期早，平畦栽培易积水，土中氧气缺乏，一般发病重，雨水偏多年份更明显。与茄科或瓜类蔬菜轮作，则发病重。伤口是最主要的侵染途径，久旱遇雨、浇水过量、蹲苗过度以后，叶柄上会出现自然裂口，利于病菌侵入。害虫重发地块，白菜软腐病一般发病重，一方面是由于害虫取食可造成伤口，另一方面是由于部分害虫本身也可以携带病菌。

防治方法

（1）农业防治。选择抗病品种，推广与麦类等禾本科作物进行轮作，避免将白菜与茄科、瓜类及十字花科蔬菜连作。推广深耕高畦栽培，避免在低洼、黏性大的地块上种植白菜。推广适时播种，让包心期错开雨季。发现重病株，应及时拔除。

（2）化学防治。防虫是防治软腐病的关键措施，可以参考害虫防治措施，控制白菜虫害尤其是能啃食白菜叶片的害虫发生，减少利于软腐病菌侵入的伤口。发病初期用生石灰和硫黄（50∶1）混合粉 150g/m^2 进行土壤消毒。发病前或发病初期，使用春雷霉素、中生菌素、氢氧化铜悬浮剂、硫酸铜、大蒜素等药剂进行喷雾防治，严重的还可以使用氯溴异氰尿酸，硫酸铜进行冲施。

37 草莓炭疽病

概 况

草莓炭疽病是草莓苗期的主要病害之一，草莓产区特别是连年种植区域发生较为普遍。

病 原

引起草莓炭疽病的病原菌主要为胶孢炭疽菌 *Colletotrichum gloeosporioides*、尖孢炭疽菌 *C. acutatum* 和草莓炭疽菌 *C. fragariae*，北京地区草莓炭疽病的优势菌株为胶孢炭疽菌，上海地区草莓炭疽病病原菌的主要种类是尖孢炭疽菌和胶孢炭疽菌，浙江建德和浙江杭州草莓主要产区的草莓炭疽病病原菌主要为尖孢炭疽菌、胶孢炭疽菌和草莓炭疽菌。此外，有些地区还分离到围小丛壳菌 *Glmoerella cingulata*。

危害特征

草莓炭疽病主要危害叶片、叶柄、匍匐茎、花瓣、萼片和浆果等部位。匍匐茎受害重，叶片次之。病株受害大体可分为局部病斑和全株萎蔫两类症状。

草莓炭疽病

局部病斑在匍匐茎上最易发生，叶片、叶柄和浆果上也常见。茎叶上病斑长 3 ～ 7mm，初为红褐色，后变黑色，溃疡状稍凹陷，病斑包围匍匐茎或叶柄整圈时，病斑以上部位枯死。萎蔫型病株起初病叶边缘发生棕红色病斑，后变褐色或黑色。发病较轻时，叶片白天萎蔫，傍晚时能恢复，发病严重时几天后即枯死。掰断茎部可见由外向内逐渐变成褐色或黑色，拔起植株，细根新鲜，主根基部与茎交界处部分发黑。

侵染循环

病原菌主要以土壤中的病茎叶、匍匐茎等病残体越冬，并成为初侵染源。病原菌形成孢子后随雨水飞溅到草莓上引起再次侵染和扩展。

发生规律

病原菌生长的最适温度在 28 ～ 32℃，最适相对湿度 90% 以上，属于典型的高温高湿型病害，凉爽干燥的气候不利于病害的发生。5 月下旬，当气温升到 25℃以上时，草莓匍匐茎或近地面的幼嫩组织易受到病菌侵染，7—9 月，在高温高湿的条件下，病菌传播蔓延迅速。遇到连阴多雨天气，草莓连作田特别是老叶多、氮肥过量、通风透光条件差的地块易流行，造成毁灭性损失。

防治方法

（1）农业防治。选用健康母株，采用设施避雨和基质育苗，天气晴好时，要加大通风力度，降低棚内温湿度，此外要及时清除病叶、老叶及发病株，并做无害化处理。定植前，要加强棚室消毒，选择健康种苗，生产中避免大水泼浇、漫灌，防止泥水在草莓苗间飞溅、流淌。

（2）化学防治。在草莓匍匐茎开始伸长、田间摘老叶及降雨的前后的关键时期进行重点防治。在育苗期和定植后每隔 7 ～ 10 天叶面交替喷药，喷 2 ～ 3 次，连续降雨后转晴时要立即进行喷药预防，药剂种类有咪鲜胺、苯醚甲环唑、代森锰锌、嘧菌酯、多 · 福 · 溴菌清、百菌清、溴菌清、硫菌灵等，注意轮换用药，延缓抗性产生。

38 芹菜叶斑病

概　况

芹菜叶斑病是芹菜的一种主要病害，各地普遍发生，严重地块减产30%～50%。

病　原

芹菜尾孢菌 *Cercospora apii* Fres.，属子囊菌门真菌。子实体两面生，暗褐色。分生孢子梗束生，榄褐色，顶端色淡，大小为（30～87.5）μm×（2.5～5.5）μm。分生孢子鞭形，无色，直或弯曲，顶端较尖，向下逐渐膨大，至基部近截形，具隔膜3～19个，大小为（55.9～217.5）μm×（3.1～5.6）μm。病原菌可以侵染芹菜、鸭儿芹。

芹菜叶斑病

危害特征

主要危害叶片，也可危害叶柄和茎。叶片感病时先从叶缘发病，逐步蔓延到整个叶片，初为黄绿色水渍状小点，后扩展成近圆形或不规则灰褐色坏死斑，边缘不明显，呈深褐色，不受叶脉限制。空气湿度大时病斑上产生灰白色霉层，即病原分生孢子梗和分生孢子，严重时病斑扩大成斑块，最终导致叶片变黄枯死。茎或叶柄受害时，病斑椭圆形，开始时为黄色，逐渐变成灰褐色凹陷，茎秆开裂，后缢缩、倒伏。温度高时也产生灰白色霉层。

侵染循环

病原以菌丝体随病株残余组织遗留在田间越冬，也能潜伏在种子上越冬。在环境条件适宜时，菌丝体产生分生孢子，通过气流传播至寄主植物上，在水滴存在的条件下从寄主表皮直接侵入，引起初次侵染。播种带病种子，出苗后即可染病，并在受害部位产生新生代分生孢子，借气流、风雨传播，可多次再侵染，加重危害。

发生规律

以夏、秋发病重，高温多雨或高温干旱，但夜间结露重，持续时间长，易发病。大水漫灌，田间积水，排水不良地块易发病。棚室栽培易发病，若初期出现高温高湿也易发病。缺水缺肥，通风不良，植株长势弱，发病重。

防治方法

（1）种子处理。播种前要用48℃温水浸种处理30分钟，待捞出后晒干再播种。

（2）农业防治。选用适合本地种植的优质高产抗病品种，推广轮作。浇水时勿大水漫灌，发病后要控制浇水量。棚室内湿度大时，要适当通风排湿；白天温度控制在15～20℃，夜间温度控制在10～15℃，以避免叶面结露。随时摘除病叶，带出田外烧毁或深埋，以减少病原，控制病害蔓延。

（3）化学防治。发病初期可以选择甲基硫菌灵、苯醚甲环唑、代森锰锌等进行轮换使用。

39 芹菜斑枯病

概　况

芹菜斑枯病是芹菜的一种主要病害，各地均有分布。芹菜斑枯病引起生长期落叶和贮藏期腐烂，损失很大。发病田块可达50%～60%，平均减产15%～30%，是制约芹菜优质安全生产的关键因素之一。

病　原

病原为芹菜壳针孢菌 *Septoria apiicola* Speg.，属子囊菌门真菌。分生孢子器埋生，大小为（87～155.4）μm×（25～56）μm。器孢子长线形，无色，具隔膜0～7个，大小为（35～55）μm×（2～3）μm。这种病原可以侵染芹菜、根芹、野生芹。

危害特征

主要危害叶片，也危害叶柄、茎和种子。分为大斑型和小斑型。华南地区只发生大斑型，东北地区以小斑型为主。大斑型先发生在老叶上，再向新叶上扩展。叶上病斑圆形，初为淡黄色油浸状斑，后变为淡褐色或褐色，边缘明显，病

芹菜斑枯病

斑上散生少数小黑点，即为分生孢子器。危害严重时，全株叶片变为褐色干枯状。茎及叶柄受害，病斑均呈长圆形，稍凹陷，中央密生黑色小粒点。小斑型病斑中央黄白色或灰白色，边缘聚生有很多黑色小粒点，病斑边缘黄色，大小不等。叶柄或茎部上的病斑为褐色，长圆形稍凹陷，中部散生黑色小点。

侵染循环

病原以菌丝体潜伏在种皮内越冬，也可在病残体上越冬。潜伏在种皮内的菌丝可存活 1 年以上。在适宜的温度、湿度条件下，产生分生孢子借风雨、牲畜及农具传播；带菌种子可进行远距离传播。

发生规律

在 20 ～ 25℃温度和多雨的情况下，病害发生严重，并能迅速蔓延和流行；白天干燥，夜间有雾，或温度过高过低时，发病重。重茬地、低洼地发病重；浇水多，排水不良，田间积水，种植过密，土地贫瘠，长势差，发病重。

防治方法

（1）种子处理。可采用 48 ～ 50℃温水浸种 30 分钟，再在冷水中浸 20 分钟，晾干后播种。

（2）农业防治。施足底肥，并及时追肥，防止缺肥。保护地栽培应注意通风排湿，并推广与其他蔬菜实行 2 ～ 3 年轮作。发病初期应摘除病叶和底部老叶，收获后清除病残体，并进行深翻。

（3）化学防治。大棚和温室内育苗的，在出苗十几天后，用百菌清烟雾剂或百菌清粉尘剂预防。也可以使用苯醚甲环唑、氟菌戊唑醇、咪鲜胺、多菌灵等进行防控。

40 茴香白粉病

概况

茴香白粉病是茴香种植中的一种重要病害，一般不发病，一旦发病，病田发病株几乎都达 100%，严重影响产品质量。

病原

病原为独活白粉菌 *Erysiphe heraclei* DC.，属子囊菌门真菌。独活白粉菌以菌丝在茎表面蔓延，孢子梗直立，上部逐渐分割成串生的分生孢子。分生孢子近柱形，少数桶形，两端钝圆，无色，大小为（25.4 ～ 35.6）μm×（12.7 ～ 16.3）μm。有性阶段产生子囊果。子囊果在茎叶表面散生至近聚生，暗褐色，扁球形，直径 80 ～ 112μm；壁细胞不规则多角形，直径 5.1 ～ 18.8μm，附属丝 7 ～ 38 根，有不规则的分枝或双叉分枝，少数不分枝，长度为子囊果直径的 0.5 ～ 1.5 倍，有 0 ～ 3 个隔膜，近无色，基部多呈淡褐色。子囊 2 ～ 5 个，个别可达 7 个，近卵形或广卵形至近球形，柄短或无，大小为（50.8 ～ 68.6）μm×（38.1 ～ 43.2）μm；子囊孢子 3 ～ 5 个，椭圆形，少数卵形，带黄色，大小为（19.1 ～ 25.4）μm×（12.7 ～ 15.2）μm。

危害特征

植株地上部均可发病，较成熟的部分先发病。表面被以白色粉状斑点，后渐扩大，互相融合，占据大部分茎、叶表面，多时可在茎表面堆积。最初病斑处植物组织不发生明显的病变，严重时组织变色，生长受阻，致局部坏死及幼苗死亡。

侵染循环

病原在越冬寄主上以无性孢子越冬，在寒冷地区以菌丝及子囊果越冬。以子囊孢子或分生孢子进行侵染，种子也可带菌。

茴香白粉病（胡彬　摄）

发生规律

荫蔽，白天温暖夜间凉爽，多露潮湿，易发病。

防治方法

（1）农业防治。搞好田间卫生，收获时彻底收集病残物烧毁，以减少菌源。在无病株上采种，避免种子带菌。

（2）化学防治。参考其他白粉病的药剂。

虫害

41 番茄潜叶蛾

概　况

番茄潜叶蛾 *Tuta absoluta*（Meyrick），也称为番茄麦蛾、番茄潜麦蛾、南美番茄潜叶蛾，属鳞翅目麦蛾科。该虫起源于南美洲的秘鲁，现在已入侵105个国家或地区，成为世界性番茄重要害虫，对全球番茄产业的健康发展构成了严重威胁。

形态特征

成虫：长6～8mm，浅灰色或灰褐色，鳞片银灰色，触角丝状，足细长，触角和足均具有灰白色与暗褐色相间的横纹。

卵：圆筒状，长约0.3mm，呈奶白色或橘黄色。

幼虫：有4个龄期。初孵幼虫为奶白色或淡黄白色，头部为淡棕黄色；二龄幼虫呈淡绿色或淡黄白色；三龄和四龄幼虫为绿色或背部淡粉红色、头部棕黄色。

蛹：常覆盖白色丝茧，圆筒状，初为绿色，羽化前颜色加深。

危害特征

番茄潜叶蛾以幼虫潜食叶肉，也可蛀食顶芽、嫩茎、嫩梢和果实。潜叶蛾危害叶片时，早期常常与潜叶蝇危害症状混淆。潜叶蝇有明显的虫道，而潜叶蛾在早期造成叶片中空发白，后期叶片皱缩、黑枯。果实被害时多出现在果蒂处，幼果被害导致脱落，大果被害则形成孔洞，继而引发病菌侵染腐烂，严重发生时可导致番茄等作物减产80%以上。

发生规律

条件适宜时，可终年繁殖。最适发育温度为25℃，超过30℃、低于20℃对其发育都会产生不利影响。雌蛾一般产卵260粒。在温度26～30℃、相对湿度60%～75%的条件下，卵经过5～7天孵化为幼虫，幼虫发育历期约为20天。幼虫老熟后吐丝下垂，主要在土壤中化蛹，入土深度1～2cm；亦可在潜道内、叶片表面皱褶处或果实中化蛹，且常常结一薄薄的丝茧。

番茄潜叶蛾（A：成虫；B：蛹；C：幼虫；D：幼虫潜叶危害）

防治方法

番茄潜叶蛾危害非常隐蔽，一旦发生严重受害，可能会出现毁种情况。由于危害方式的特殊性，幼虫一旦潜入叶片或蛀食进以后，喷雾触杀的作用就会降低，防治效果也不好。针对番茄潜叶蛾防控，病虫防控专家提倡早发现、早监测、早处置。

（1）做好害虫监测。巡查棚室时，如果发现像米蛾一样的虫子，基本可以肯定棚室内发生了潜叶蛾，可以用性诱捕器进行监测验证，最简单的性诱方法就是在地上平铺一张蓝色粘虫板，然后上面放置一个诱芯。具备条件的，可以选择三角形诱捕器，注意放置高度应尽可能与地面持平。

（2）加强棚室管理。计划定植的棚室，可采取高温闷棚做好棚室消毒。秋冬季定植前要加装 40 目防虫网，防止成虫迁移至棚室。定植后，定期巡查，发现受害叶片及时摘除。

（3）物理防治。悬挂加装诱芯的蓝色粘虫板或布放杀虫灯。

（4）生物防治。生物防控手段主要有天敌昆虫和微生物菌剂两大类。天敌昆虫种类主要有烟盲蝽、瓢虫、捕食蝽或寄生性的赤眼蜂等，微生物菌剂主要有 *Bt* 可湿性粉剂。

（5）化学防治。科学选用乙基多杀菌素、甲维·虫螨腈、氯虫苯甲酰胺等高效低毒低残留绿色农药进行喷雾防治。注意轮换药剂、安全间隔期及使用浓度。

42 小菜蛾

概 况

小菜蛾 *Plutella xylostella*（Linnaeus），俗称菜蛾或方块蛾，幼虫被称为两头尖、吊死鬼，属鳞翅目菜蛾科，是十字花科蔬菜上发生最普遍最严重的害虫之一。

分布与寄主

小菜蛾是一种世界性害虫，国内各地均有分布，寄主有甘蓝、花椰菜、白菜、油菜、萝卜等十字花科蔬菜。

形态特征

成虫：灰褐色小蛾，体长6～7mm，翅展12～15mm。雄虫体色较深、细小，雌虫体色浅，肥大。前翅后缘从翅基到外缘有呈三度曲折状的波浪纹，两翅合拢时形成3个连接的菱形斑，前翅缘毛长并翘起如鸡尾状。触角丝状，白色有褐纹，静止时向前伸。雌蛾腹部末端圆筒形，雄虫腹部末端圆锥形，抱握器微张开。

小菜蛾（成虫）

卵：椭圆形，稍扁平，一端稍倾斜，长约0.5mm，宽约0.3mm，初产时淡黄色，后变为黄绿色，具光泽。

幼虫：共4龄，初孵幼虫深褐色，后变为黄绿色至绿色。末龄幼虫体长10～12mm，纺锤形。头部黄褐色，前胸背板上有由淡褐色无毛的小点组成的2个“U”形纹，体上着生有稀疏的长而黑的刚毛。臀足向后超过腹部末端。

蛹：长5～8mm，颜色多变，有

小菜蛾（A：幼虫；B：茧）

绿、灰黑、粉红、黄白等色。肛门周缘有钩刺 3 对，腹末有小钩 4 对。近羽化时，复眼变黑，翅芽上有三度曲波浪纹明显可见。蛹外被薄茧。

生活习性

成虫昼伏夜出，白天仅在受惊扰时，在株间短距离飞行。成虫产卵期可达 10 天，平均每雌产卵 100 ～ 200 粒，卵散产或数粒在一起，多产于叶背脉间凹陷处。成虫有趋光性，活动高峰为 19：00—23：00，在植株间短距离飞翔产卵。幼虫活泼、动作敏捷，受惊时向后剧烈扭动、倒退或吐丝下落。进入四龄期为老熟幼虫，老熟幼虫在叶脉附近结薄茧化蛹，蛹期约为 9 天。

危害特征

初龄幼虫潜叶钻蛀叶片背面的海绵组织取食，留下表皮，在菜叶背面形成一条条细长的隧道。二龄时钻出隧道，隐藏在叶背取食危害，形成开天窗状。三龄、四龄幼虫可将菜叶食成孔洞和缺刻，严重时全叶被吃成网状。在留种田除取食嫩叶外，还啃食嫩茎、钻食幼荚、食空种荚。

发生规律

小菜蛾全国各地普遍发生，1 年发生 4 ～ 22 代不等，华北地区每年发生 4 ～ 6 代，长江流域 9 ～ 14 代，华南地区 17 代，台湾地区 18 ～ 19 代，广东、海南 20 ～ 22 代。不同地区的危害盛期有所差异，东北、华北以 5—6 月和 8—9 月危害严重，春季重于秋季。新疆 7—8 月危害最重，在南方以 3—6 月和 8—11 月危害较重，秋季重于春季。安徽合肥每年发生 10 ～ 11 代，广东约 20 代。长江及其以南地区无越冬、越夏现象。在河南驻马店以北的北方地区，小菜蛾不能在露地越冬，北方春季的虫源可能由南方远距离迁飞而来。小菜蛾适应性强，发育适宜温度为 20 ～ 30℃。高温干燥的条件有利于小菜蛾发生。小菜蛾抗药性非常强。

防治方法

（1）农业防治。避免十字花科蔬菜周年连作。蔬菜收获后，要及时处理残株落叶，翻耕土地，消灭大量虫源。

（2）生物防治。释放菜蛾绒茧蜂、姬蜂等天敌昆虫或喷施小菜蛾颗粒体病毒、*Bt* 等进行防治。

（3）理化诱控。每亩安放 4 ～ 5 个性诱捕器，每个生长季节更换 2 次，规模较大的区域可以按每 10 亩设置 1 盏黑光灯。保护地要加装防虫网，阻挡成虫迁移。

（4）化学防治。药剂选用乙基多杀菌素、甲维盐、氯虫苯甲酰胺、唑虫酰胺、氟啶虫酰胺等进行喷雾，喷雾防治要抓住低龄幼虫期。

43 甜菜夜蛾

概　况

甜菜夜蛾 *Spodoptera exigua*（Hübner），又名贪夜蛾、玉米夜蛾，属鳞翅目夜蛾科，是一种世界性多食性害虫。

分布与寄主

世界性分布，我国除青海不明确以外（新疆已在昌吉州发现甜菜夜蛾危害甘薯），其余各地均有分布。寄主主要有甘蓝、花椰菜、白菜、萝卜、莴苣、大葱、番茄、青椒、甘薯等170多种蔬菜和作物。

形态特征

成虫：体长10～14mm，翅展25～34mm，灰褐色，头和胸有黑点。前翅灰褐色，基线前段可见双黑纹；内横线双线黑色，波浪形外斜；剑纹为1个黑条；环纹粉黄色，黑边；肾纹粉黄色，中央褐色，有黑边；中横线黑色，波浪形；外横线双线黑色，锯齿形，前、后端的线间白色；亚缘线白色，锯齿形，两侧有黑点，外侧在M_1脉处有1个较大的黑点；缘线为1列黑点，各点内侧均衬白色。后翅白色，翅脉及缘线黑褐色。雄蛾腹部狭长且末端有1圈黄色长毛簇；雌蛾腹部末端浑圆，毛簇较短，生殖孔清晰可见。

卵：卵粒白色圆球状，成块产于叶面或叶背，8～100粒不等，排为1～3层，外面通常覆有雌蛾脱落的白色绒毛。

幼虫：幼虫5龄，少数6～7龄。一龄至三龄幼虫体长0.1～8mm，体色由淡绿到浅绿，头黑色渐呈浅褐色；二龄幼虫前胸背板有一个倒梯形斑纹；三龄幼虫气门后出现白点。四龄幼虫体长9～14mm，体色开始多变，有绿、暗绿、黄褐、黑褐等色。前胸背板斑纹呈“口”字形，背线有不同颜色或不明显，气门线下为黄白色或绿色，有时带粉红色的纵带出现并直达腹末，气门后白点明显。老熟幼虫体长可达22～30mm，体色变化很大，如绿色、暗绿色、黄褐色、褐色至黑褐色；背线有或无，颜色亦各异。较明显的特征：腹部气门下线为明显的黄白色纵带，有时带粉红色，此带直达腹部末端，不弯到臀足上；各节气门后上方具 1 个明显白点。体长约 10mm，黄褐色。中胸气门显著外突。

蛹：体长约 10mm，黄褐色。臀棘上有刚毛 2 根，其腹面基部亦有 2 根极短的刚毛。

甜菜夜蛾（A：成虫；B：绿色型幼虫；C：绿色型老熟幼虫；D：严重危害）

生活习性

甜菜夜蛾具有分布范围广、寄主多、迁飞能力强、喜湿且耐高温等特性。雷达观测表明，我国华北存在甜菜夜蛾大规模迁飞现象。甜菜夜蛾在海上能连续飞行约 3 218 km。成虫昼伏夜出，对黑光灯和糖醋液有很强趋性。甜菜夜蛾幼虫一般分为 5 个龄期，环境不利时，也可能变为 6 个或 7 个龄期，一龄幼虫具有正趋光性，二龄幼虫有弱负趋光性，三龄、四龄幼虫不受光强的影响，五龄幼虫具有很强的负趋光性。老熟幼虫入土，吐丝筑室化蛹，蛹发育历期为7～11天。幼虫表皮光滑，药液喷洒时不易黏附，特别是三龄以后的幼虫，对许多常用药极易产生抗药性。

危害特征

初孵幼虫结疏松网在叶背群集取食叶肉，受害部位呈网状半透明的窗斑，干枯后纵裂。幼虫三龄后开始分群危害，可将叶片吃成孔洞、缺刻，严重时全部叶片被食尽，整个植株死亡。幼虫四龄后开始大量取食，蚕食叶片，啃食花瓣，蛀食茎秆及果荚。

发生规律

甜菜夜蛾1年发生2～11代，大部分地区世代重叠，自南向北，发生世代逐渐减少。广东每年发生10～11代，长江以北地区每年发生4～5代，山东烟台、青岛、菏泽每年发生5代。北方部分地区不能越冬，部分地区以蛹在土室内越冬，在亚热带和热带地区全年可生长繁殖危害。温度和降水是影响甜菜夜蛾生长、发育和繁殖的主要因素，最适宜的温度为26～29℃，适宜相对湿度为70%～80%。

防治方法

（1）农业防治。在蛹期结合农事操作，进行中耕除草、冬灌、深翻土壤等，破坏虫源滋生场所，压低虫口密度。在卵盛期，可于早晨或傍晚人工捕捉大龄幼虫或卵块，降低虫口密度。

（2）生物防治。使用病毒、绿僵菌、白僵菌或*Bt*制剂进行防治，保护及释放绒茧蜂、黑卵蜂、短管赤眼蜂等天敌昆虫。

（3）理化诱控。在成虫始盛期，在大田设置黑光灯、高压汞灯、频振式杀虫灯诱杀成虫，也可以利用糖醋液、性诱剂诱杀成虫。

（4）化学防治。化学防治要坚持防小防早，施药时间在清晨最佳。药剂主要有灭幼脲、氟啶脲、乙基多杀菌素、甲维盐、氯虫苯甲酰胺等。

44 斜纹夜蛾

概　况

斜纹夜蛾 *Spodoptera litura* Fabricius，又名莲纹夜蛾，俗称夜盗虫、乌头虫，属鳞翅目夜蛾科，是一种食性很杂的暴食性害虫。

分布与寄主

在国内各地均有发生，但主要分布于长江流域的江西、江苏、湖南、湖北、浙江、安徽和黄河流域的河南、河北、山东等。国外普遍分布于朝鲜、日本、印度和澳大利亚等国家。斜纹夜蛾食性杂，可危害 99 科 200 余种植物，包括白菜、甘蓝、大葱、玉米、棉花、烟草、水稻、高粱、豆类、向日葵、草莓等。

形态特征

成虫：体长 14 ～ 20mm，翅展 35 ～ 41mm，体深褐色，胸部背面有白色丛毛，腹部侧面有暗褐色丛毛。前翅灰褐色，内、外横线灰白色波浪形，中间有 3 条白色斜纹，后翅白色。

卵：半球形，初产时黄白色，后转淡绿色，孵化前紫黑色，外覆盖灰黄色绒毛。

斜纹夜蛾（A：成虫；B：幼虫）

斜纹夜蛾幼虫（聚集危害）

幼虫：幼虫共分 6 龄，老熟幼虫体长 35 ～ 50mm，头部黑褐色，胸腹部的颜色变化大，如土黄色、青黄色、灰褐色等，从中胸至第九腹节背面各有 1 对半月形或三角形黑斑。

蛹：长 15 ～ 30mm，红褐色，尾部末端有 1 对短棘。

生活习性

成虫昼伏夜出，20：00—24：00 活动最盛，对光和糖醋液有明显趋性。卵多产在植株中部叶片背面的叶脉分叉处，每雌产卵 3 ～ 5 块，每块约 100 粒。幼虫有假死性，大发生时可成群迁移。高龄幼虫进入暴食期后，白天躲在阴暗处或土缝中，多到傍晚后出来危害，老熟幼虫在 1 ～ 3mm 表土内或枯枝败叶下化蛹。

危害特征

初孵幼虫群集危害，啃食叶片下表皮及叶肉，呈开天窗状。三龄后逐渐分散取食叶肉，四龄后进入暴食期，五龄、六龄幼虫取食量之和占总食量的90%。幼虫咬食叶片、花、花蕾及果实，食叶成孔洞或缺刻，严重时可将全田蔬菜吃成光秆。在结球寄主上，还可以钻蛀球内危害，排泄粪便造成污染，使其丧失商品价值。

发生规律

斜纹夜蛾在华北地区每年发生4～5代，长江流域每年发生5～6代，福建每年发生6～9代，在华南部分地区可周年繁殖，无越冬现象。斜纹夜蛾是一种喜温又耐高温的害虫，发育适温为28～30℃，在33～40℃时，生活也基本正常。该虫不耐低温，0℃左右不能存活。危害严重时期6—9月，长江流域多在7—8月大发生。

防治方法

（1）农业防治。合理安排作物布局，避免适宜寄主不断连作为斜纹夜蛾提供食物链。蔬菜收获后，及时清除残体，及时翻耕，减少虫源。利用成虫产卵成块、初孵幼虫群集危害的特点，结合田间管理进行人工摘卵和消灭集中危害幼虫。

（2）理化诱控。用糖醋液、性信息素和黑光灯等进行诱杀。

（3）生物防治。保护利用天敌，或喷施斜纹夜蛾核型多角体病毒、*Bt*等进行防控。

（4）化学防治。最佳防治期是卵盛孵期至二龄幼虫始盛期。药剂参考小菜蛾等。

45 甘蓝夜蛾

概　况

甘蓝夜蛾 *Mamestra brassicae* Linnaeus，也称甘蓝夜盗虫、菜夜蛾，属鳞翅目夜蛾科，是一种杂食性的夜蛾科害虫。

分布与寄主

国内广泛分布，食性复杂，寄主主要有甘蓝、花椰菜、白菜、萝卜、油菜等。

形态特征

成虫：体长 18 ～ 25mm，翅展 35 ～ 50mm。体、翅灰褐色，复眼黑紫色。前翅基线、亚基线、内横线、外横线呈黑色波状纹，亚外缘线白色，沿外缘有黑点 7 个，前缘近端部有等距离的白点 3 个，环状纹灰黑色，肾状纹灰白色，楔形纹大且圆，位于环状纹内侧。后翅灰白色，基部色淡。

卵：块状，多产于叶背，单粒卵半球形，底径 0.6 ～ 0.7mm，卵壳表面有放射状纵棱，棱间有 1 列下陷横带，形成方格。初产时黄白色，孵化前呈紫黑色。

幼虫：初孵幼虫体长约 0.2mm，体色淡褐色。二龄幼虫体长 8 ～ 9mm，淡绿色。三龄幼虫体长 12 ～ 13mm，绿黑色，具明显的黑色气门线。四龄幼虫体长约 20mm，灰黑色。五龄幼虫体长约 28mm，老熟幼虫体长 35 ～ 40mm，体色多变，头部黄褐色，体背暗褐色至黑色，腹面淡黄褐色，背线及亚背线细，白色，气门线白色，腹足趾钩单行单序，大部分个体背部各节有 2 个马蹄形斑纹。一龄、二龄幼虫有 2 对腹足，三龄后有 4 对腹足。

蛹：体长约 20mm，赤褐色至浓褐色，腹部 4 ～ 5 节后缘和 6 ～ 7 节前缘色深。臀棘末端有 2 根长刺，刺端球状。

甘蓝夜蛾（A：成虫；B：幼虫；C：老熟幼虫）

生活习性

成虫昼伏夜出，21：00—23：00为活动高峰期，有趋光性、趋糖醋液性，产卵期需吸食露水或蜜露补充营养，每雌可产卵1 000～2 000粒，最多可达3 000粒。卵块状，产于叶背。

危害特征

初孵幼虫聚集在叶背啃食，残留上表皮。二龄后逐渐扩散取食。四龄后食量大增，可造成孔洞或缺刻。五龄至六龄为暴食期，可吃光叶肉仅存叶脉，并可以进入菜球内取食，排出的粪便污染蔬菜并诱发软腐病和黑腐病，严重降低蔬菜的商品价值。

发生规律

甘蓝夜蛾每年发生 2 ～ 4 代，自北向南发生代次逐渐增多，东北地区 2 代，华北地区和新疆 2 ～ 3 代，重庆 3 ～ 4 代。以蛹在寄主根部土表下 7 ～ 10cm 处越冬，翌年当气温回升至 15 ～ 16℃时羽化，各地出土时间各不相同。甘蓝夜蛾各龄期幼虫对温度、湿度要求严格，温度低于 15℃或高于 30℃都不利于幼虫发育，相对湿度低于 68% 或高于 85% 也会抑制其生长发育。

防治方法

（1）农业防治。作物收获后要耕翻土地，消灭部分越冬蛹。根据监测结果，可在产卵盛期和低龄幼虫期及时摘除卵块，以及未扩散的低龄幼虫聚集的叶片，集中处理。

（2）理化诱控。用性信息素、糖醋液或黑光灯进行诱杀。

（3）生物防治。在成虫高峰期 1 ～ 3 天后释放松毛虫赤眼蜂，每 5 天释放 1 次，连续释放 3 次，每次每亩释放 2 万头。

（4）化学防治。药剂参考小菜蛾，要尽量选择低龄未分散时施药。低龄幼虫也可以选用灭幼脲进行防控。

46 瓜绢螟

概况

瓜绢螟 *Diaphania indica*（Saunders），又称瓜绢野螟、瓜螟、瓜野螟，属鳞翅目螟蛾科绢野螟属，在某些年份，是瓜类生产中重要的鳞翅目害虫。

分布与寄主

国内分布于北京、河北、天津、山东、河南、湖北、江西、贵州、广西、云南、江苏、浙江、福建、四川、广东和台湾等地，寄主种类有西瓜、黄瓜、苦瓜、甜瓜、丝瓜等瓜类，也可以取食番茄、茄子、马铃薯、龙葵、常春藤、木槿、梧桐等。

形态特征

成虫：体长约 11mm，头、胸部浓墨褐色。触角黑褐色，长度接近翅长。下唇须下侧白色，上部褐色。胸部领片及翅基片深褐色，末端鳞片白色细长。胸部背面黑褐色，腹部背面 1 ～ 4 节白色，5 ～ 6 节黑褐色，腹部末端左右两侧各有一束黄褐色鳞毛丛。翅面白色半透明，带丝绢般闪光，前翅沿前缘及翅面至外缘有 1 条淡墨褐色带，其余部分为白色三角形，缘毛墨褐色。后翅白色半透明有闪

瓜绢螟（A：成虫；B：卵）

瓜绢螟（A: 幼虫危害瓜条；B：幼虫吐丝下坠；C：蛹）

光，外缘有 1 条淡墨褐色带，缘毛墨褐色。

卵：扁平，椭圆形，黄白色，表面有网纹。

幼虫：老熟幼虫体长 23 ～ 26mm，头部、前胸背板淡褐色，胸腹部草绿色，亚背线为两条较宽的乳白色纵带，气门黑色。

蛹：长约 14mm，深褐色，头部光滑尖瘦，翅端达第 6 腹节，外被薄茧。

生活习性

成虫多在夜晚羽化，白天潜伏在瓜叶丛或杂草等隐蔽场所，夜间活动，稍有趋光性，羽化当天或第二天即可交配产卵，每雌产卵 300 ～ 400 粒。卵期 5 ～ 7 天。卵产于叶片背面，多为鱼鳞状卵块。初孵幼虫在叶背取食，三龄后可以吐丝缀叶，幼虫活泼，遇到惊扰可吐丝下坠，转移至他处。幼虫老熟后，在卷叶内结白色薄茧化蛹或在根际表土中化蛹。

危害特征

初孵幼虫危害叶片时，先取食叶片下表皮及叶肉，仅留上表皮，正面多出现灰白色斑块；三龄后，可吐丝将叶片连缀卷起，幼虫在卷叶内取食，将叶片吃成缺刻，仅留叶脉。虫量大时，可将整片瓜地叶片吃光，或蛀入茎部。严重发生时，幼虫也可危害瓜果，取食瓜的表皮，形成花斑，或整个瓜的表皮呈麻皮状，或钻入瓜内，取食皮下瓜肉，使瓜腐烂变质。

发生规律

瓜绢螟 1 年发生多代，自南向北逐渐减少，以老熟幼虫或蛹在寄主枯枝卷叶中越冬。广州地区，4 月底开始羽化，5 月出现幼虫危害，7—9 月为盛发期，世代重叠。北京地区 8—9 月为主要危害期。瓜绢螟对温度适应范围很广，在 15 ～ 35℃时均能生长发育，最适温度为 26 ～ 30℃。瓜绢螟喜欢高湿环境，相对湿度低于 70% 时不利于幼虫活动。

防治方法

（1）农业防治。及时清洁田园，消灭越冬虫源，推广与非寄主作物轮作，以切断食物链。

（2）物理防治。保护地风口和门口加装防虫网，阻挡瓜绢螟成虫迁移。

（3）化学防治。可选用氯虫苯甲酰胺、甲氧虫酰肼、乙基多杀菌素、氟啶虫酰胺、阿维菌素等进行喷雾，注意喷施叶背和卷叶。

47 棉铃虫

概 况

棉铃虫 *Helicoverpa armigera*（Hübner），又名棉铃食夜蛾、红铃虫、绿带实蛾，属鳞翅目夜蛾科，是世界上一种重大农业害虫。

分布与寄主

棉铃虫分布于南北纬 50° 之间，我国各地均有发生。寄主植物主要有棉花、玉米、小麦、花生、高粱、甜椒、马铃薯、番茄等，有时还危害果树和一些观赏花卉。

形态特征

成虫：体长 14 ～ 20mm，翅展 27 ～ 40mm。复眼球形，绿色。前翅体色变化较多，雌蛾前翅黄褐色，雄蛾灰绿色。内横线不明显，中横线很斜，末端达后缘，位于环状纹的正下方，亚外缘线波形幅度较小，与外横线之间呈褐色宽带，带内有 8 个白点，外缘有 7 个红褐色小点，排于翅脉间。环状纹具褐边，肾形纹褐色。后翅灰白色，翅脉褐色，中室末端有 1 条茶褐色斜纹，外缘有 1 条茶褐色宽带纹，带纹中有 2 个月牙白斑。

卵：散产，近半球形，长 0.51 ～ 0.55mm，宽 0.44 ～ 0.48mm，顶部稍隆起，底部较平，中部常有 24 ～ 34 条纵棱。初产时乳白色或翠绿色，逐渐变为黄色。近孵化时，红褐色或紫褐色，顶部黑色。

幼虫：5 ～ 6 龄，通常为 6 龄，老熟幼虫背线一般有 2 条或 4 条，颜色多变，大致分为绿色、淡绿色、黄白色、淡红色 4 种，体表布满褐色和灰色小刺，头部黄色，有褐色网状斑纹，各体节有毛片 12 个。

蛹：长 17 ～ 20mm，宽 4.2 ～ 6.5mm，纺锤形，赤褐色至黑褐色，腹末有一对臀刺，刺的基部分开。气门较大，围孔片呈筒状突起较高，腹部第 5 ～ 7 节的背面和腹面有 7 ～ 8 个马蹄形刻点。第 8、9 腹节后缘呈倒“V”形，点刻半圆形。大多数老熟幼虫入土化蛹，外被土茧。

棉铃虫（A：成虫；B：虫卵；C：幼虫；D：幼虫钻蛀危害）

生活习性

成虫多在 19：00 至翌日凌晨羽化，昼伏夜出，白天躲藏在隐蔽处，黄昏开始活动，在开花植物间飞翔，吸食花蜜，交尾产卵，成虫有趋光性和趋化性，对新枯萎的杨树枝叶等有很强的趋性。成虫羽化后当晚即可交配，2 ～ 3 天后开始产卵，交尾产卵有 2 个高峰期，即 19：00—21：00 和 3：00—4：00。每雌虫可产卵 1 000 粒左右，最多可达 2 700 余粒。卵散产于植株顶部的嫩叶叶背，少数产于叶正面、顶心、叶柄、嫩茎上。初孵幼虫取食卵壳，第 2 天开始危害生长点和取食嫩叶。三龄后开始钻蛀危害，五龄至六龄进入暴食期，三龄以上幼虫有转移和自相残杀习性。老熟幼虫一般在入土化蛹前数小时停止取食，从植株上滚落地面，多在落地处寻找疏松干燥的土壤钻入，在 3 ～ 9cm 处的表土层筑土室化蛹。

危害特征

幼虫啃食或钻蛀危害，低龄幼虫能吐丝缚住未张开的嫩叶在其中啃食叶肉，使叶片仅剩叶膜形成透明状；三龄后蚕食叶片，可将叶片食成缺刻或孔洞。三龄后，幼虫可以钻蛀花蕾、花和果实，还可以危害嫩茎、嫩叶和幼芽。花蕾和花被害后，苞叶张开，变成黄绿色，2 ～ 3 天脱落。

发生规律

棉铃虫在辽宁、河北北部、内蒙古、新疆等地 1 年发生 3 代，华北 4 代，长江以南 5 ～ 6 代，华南地区 1 年发生 6 ～ 8 代，世代重叠。以蛹在寄主植物根际附近的土中越冬。当气温上升至 15℃以上时，越冬蛹开始羽化。高温多雨有利于棉铃虫的发生，干旱少雨对其发生不利。暴雨对卵的冲刷作用明显，另外，土壤湿度过高，绝对含水量占 40%，或者相对含水量达 60% 以上时，将显著影响蛹的存活和成虫的正常羽化。各地关键危害世代并不同，长江流域 5—6 月第 1、2 代是主要危害世代，华北地区 6 月下旬至 7 月第 2 代是主要危害世代。东北南部 7 月、8 月上旬至 9 月上旬的第 2 代、第 3 代是主要危害世代。干旱地区灌水及时或水肥条件好、长势旺盛的农田，前作是麦类或绿肥的农田及与玉米邻作的农田，均有利于棉铃虫发生。

防治方法

（1）农业防治。深翻冬灌，减少虫源。结合整枝打杈等农事操作，及时摘除虫蛀果。在田边种植玉米或高粱诱集带，诱蛾产卵，然后集中灭杀。

（2）理化诱控。利用杨树枝把、太阳能杀虫灯、性诱剂、食诱剂等进行诱杀。杨树枝把每亩 10 把，每把 5 ～ 10 根长约 60cm 的杨树枝，清晨捕杀成虫，约 1 周更换一次。太阳能杀虫灯适用于连片种植区，每 50 亩设 1 盏。

（3）生物防治。发蛾高峰期开始释放松毛虫赤眼蜂，蜂卵比要掌握在 25∶1，放蜂适宜温度为 25℃，空气相对湿度为 60% ～ 90%。如果温度、湿度过高或过低，要适当加大放蜂量，连续 2 ～ 3 次，每次间隔约 1 周。另外也可以在低龄幼虫期喷施棉铃虫核型多角体病毒和 *Bt* 进行防治。

（4）化学防治。掌握在卵孵盛期至二龄幼虫时期喷药防治，以卵孵盛期喷药效果最佳。喷药时，药液应主要喷洒在棉株上部嫩叶、顶尖以及幼蕾上，须做到四周喷透。注意多种药剂交替使用或混合使用，以避免或延缓棉铃虫抗药性的产生。药剂可选用氯虫苯甲酰胺、甲维盐、溴氰菊酯、溴氰虫酰胺、氟啶虫酰胺等。

48 菜青虫

概　况

菜青虫是菜粉蝶 *Pieris rapae*（L.）的幼虫，是我国分布最普遍、危害最严重、最易成灾的害虫种类。

分布与寄主

中国大部分地区均有分布，已知的寄主植物有 9 科 35 种之多，嗜食十字花科植物，特别喜食厚叶片的甘蓝、花椰菜、白菜、萝卜等。

形态特征

成虫： 体长 12 ～ 20mm，翅展 35 ～ 55mm。头大，额区密被白色及灰黑色长毛。眼大，圆突，裸出，赭褐色。下唇须较头长，前伸。体灰黑色，腹部密被白色及黑褐色长毛。前翅长三角形，后翅略呈卵圆形，翅粉白色，鳞粉细密。雌蝶前翅前缘和基部大部分灰黑色，顶角有 1 个三角形黑斑，在翅的中室外侧有 2 个黑色圆斑。后翅基部灰黑色，前缘也有 1 个黑斑，展翅时其前、后翅 3 个圆斑在一条直线上。雄蝶翅较白，基部黑色部分小，前翅近后缘的圆斑不明显，顶角的三角形黑斑较小。成虫有春型和夏型之别，春型翅面黑斑小或消失，夏型翅面黑斑显著，颜色鲜艳。

卵： 散产，直立似瓶形，高约 1mm，直径约 0.4mm。初产时淡黄色，后变橙黄色，孵化前变为淡紫灰色。卵面有纵棱 11 ～ 13 条，其中 8 ～ 10 条到达精孔区，横脊 35 ～ 38 条，卵面形成许多长方形小方格。

幼虫： 共 5 龄。初孵化的幼虫橙黄色，随后渐变为浅绿色，同时背中央出现 1 条模糊的黄线。老熟时体长约 35mm，体圆筒形，中段较肥大，上生细绒毛。各环节有横皱纹，腹面淡绿白色，气门线黄色，各腹节沿气门线上有 2 个黄色斑点，背中线黄色，不连续。

蛹： 长 18 ～ 21mm，纺锤形，两端尖细，中部膨大且有棱角状突起。背中线突起呈脊状，在中胸背中央呈棱形隆起，腹部两侧各有 1 条黄色脊，第 2、3

节腹节的脊较高，呈角状突起。蛹色随化蛹地点而异，在叶片化蛹的多呈绿色，其他场所化蛹的为淡褐色、灰黄色、灰褐色等。尾部和腰间常由丝连在寄主上。

菜粉蝶（A：成虫；B：卵）

菜青虫（蛹）

生活习性

菜粉蝶成虫白天活动，晴天中午更为活跃。成虫访花，卵散产于叶片的正面或背面，但以叶背面为多，每次 1 粒。成虫对花椰菜、甘蓝趋性明显，每雌产卵 100 ～ 200 粒，多的可达 500 余粒。初孵幼虫先取食卵壳，再取食叶片。一龄至二龄幼虫有吐丝下坠习性，幼虫行动迟缓，大龄幼虫有假死性，当受惊动后可蜷缩身体坠地。幼虫老熟时爬至隐蔽处，先分泌黏液将臀足粘住固定，再吐丝将身体缠住，再化蛹。

危害特征

幼虫取食寄主叶片，二龄前仅啃食叶肉，留下一层表皮，三龄后蚕食叶片造成孔洞或缺刻，严重时可吃光全部叶肉，只残留粗叶脉和叶柄，造成严重损失。同时，寄主被害后，还可引起其他细菌或真菌病害的流行，导致间接危害。对于卷心类蔬菜，幼虫还可以钻入菜心内，暴食菜心，排出粪便污染菜心，降低蔬菜品质。

发生规律

菜粉蝶各地普遍发生，各地 1 年发生代数不同。自北向南逐渐增加。东北地区 1 年可发生 3 ～ 4 代，黄淮地区 5 ～ 6 代，长江流域地区 7 ～ 9 代，广州 12 代左右。菜粉蝶发育最适温度为 20 ～ 25℃，相对湿度 76% 左右。在适宜条件下，卵期 4 ～ 8 天；幼虫期 11 ～ 22 天；蛹期约 10 天。在华北地区，菜粉蝶以蛹越冬。翌年 4—5 月，开始逐步羽化，补充营养、交配产卵。华北菜青虫危害有春、秋两个明显的高峰期，5 月下旬至 6 月上旬是春季危害盛期，8—10 月是秋季危害盛期。

防治方法

菜青虫防控要根据其发生危害规律，做好监测，根据监测结果综合应用农业、生物和化学防控等措施进行防治。

（1）农业防治。合理布局，尽量避免十字花科作物连年种植特别是避免错期种植，防止人为给幼虫提供不间断食物链。针对高龄幼虫，可结合农事进行人工捕杀。

（2）生物防治。注意保护悬茧蜂等天敌，卵期可释放赤眼蜂等，低龄幼虫期可以喷施 *Bt* 进行防控。

（3）化学防治。田间虫口密度达标时，要尽量在幼虫低龄期进行施药，药剂可选用氯虫苯甲酰胺、阿维菌素、乙基多杀菌素等。

49 菜 螟

概 况

菜螟 *Hellula undalis* Fabricius，又叫萝卜螟、甘蓝螟、白菜螟、菜心野螟、卷心菜螟，属鳞翅目草螟科。

分布与寄主

在我国大多数地区都有分布，国外还分布于日本、东亚、南亚、欧洲、非洲和澳大利亚。寄主主要为十字花科蔬菜，其中白菜、萝卜、甘蓝幼苗期受害最重。

形态特征

成虫：体长 7 ～ 9mm，翅展 15 ～ 20mm，体灰褐色或黄褐色。前翅亚基线波纹状，内横线灰白色，呈波浪形，镶边灰褐色；外横线灰白色，中间部位向翅外缘方向弧形突出，中室端有 1 黑色肾形纹，镶白边。翅顶角有 1 条暗褐色斑纹。后翅灰白色，近外缘稍带褐色。

卵：椭圆形，长约 0.3mm，扁平，表面有不规则网纹，初产时淡黄色，后逐渐出现红色斑点，孵化前橙黄色。

幼虫：共 5 龄。老熟幼虫体长 12 ～ 14mm。头部黑色，有“八”字形纹。前胸背板黄褐色，上具不规则黑褐色斑；胴部浅黄色，背线、亚背线及气门上线褐黄色。各体节毛片上生细长刚毛，前胸气门前侧下方毛片上有 2 根刚毛。各节生有毛瘤，中、后胸各 6 对，横排成 1 行。腹部各节背面及侧面有 2 排毛瘤，前排 8 个，后排 2 个。腹足趾钩双序单列缺环型。

蛹：长约 8mm，黄褐色，翅芽顶端、触角和足皆长达第 5 腹节，腹部背面隐约可见 5 条纵纹，腹末生 2 对刚毛。

菜螟（A：幼虫；B：成虫；C：老熟幼虫；D：菜螟危害状）

生活习性

成虫昼伏夜出，具弱趋光性，飞翔力也弱。成虫羽化和交尾多在夜间，交尾后 2 天即可产卵，成虫喜欢选择在嫩菜叶和茎上产卵，散产。适宜的环境条件下，每头雌蛾平均产卵量可达约 200 粒。幼虫共 5 龄，昼夜取食，幼虫有转株危害习性，1 头幼虫可转株危害 4 ～ 5 株。老熟后多在表土层结茧化蛹，也有的在枯枝落叶下或叶柄基部间隙中化蛹。9—10 月开始越冬。

危害特征

幼虫是钻蛀性害虫，危害蔬菜幼苗期心叶及叶片，幼苗生长点被破坏后停止生长，萎蔫死亡。初孵幼虫潜叶危害，形成袋状隧道；二龄后钻出叶面；三龄后钻入菜心，吐丝缀合心叶，在内取食，使心叶枯死并且不能再抽出心叶；四龄至五龄可由心叶或叶柄蛀入茎髓或根部，蛀孔显著，孔外缀有细丝，并有排出的潮湿虫粪。受害苗枯死或叶柄腐烂。

发生规律

在北京、山东1年发生3～4代，合肥发生5～6代，上海发生6～7代，以老熟幼虫在地面吐丝缀合土粒、枯叶做成丝囊越冬，少数以蛹越冬。翌年春季，越冬幼虫入土结茧化蛹。菜螟喜高温低湿环境，适宜温度26～35℃，相对湿度40%～70%，干旱少雨年份发生较重，一般秋季重于春季。

防治方法

（1）农业防治。耕翻土地，杀灭在表土或枯叶残株内的越冬幼虫。适当调整播种期，使菜苗3～5片真叶期与菜螟盛发期错开。田间灌水，增大田间湿度，抑制虫害发生。

（2）生物防治。注意保护菜螟天敌，常见种类有姬蜂类、茧蜂类。

（3）化学防治。药剂可选用甲维盐、氯虫苯甲酰胺、氟啶虫酰胺等。

50 草地贪夜蛾

概　况

草地贪夜蛾 *Spodoptera frugiperda*（J. E. Smith），又名秋黏虫，属鳞翅目夜蛾科，是联合国粮农组织全球预警的重大迁飞性农业害虫。

分布与寄主

草地贪夜蛾起源于美洲热带和亚热带地区，2016 年，草地贪夜蛾通过货运从美洲传入非洲尼日利亚和加纳。至 2018 年，草地贪夜蛾基本遍布非洲撒哈拉沙漠以南大部分粮食产区。2018 年 5 月，草地贪夜蛾侵入印度，12 月侵入中南半岛部分地区。2019 年 1 月侵入我国云南省普洱市江城县，至 10 月 8 日，我国有 26 省（区、市）1 538 个县（区、市）发生草地贪夜蛾，其中有 91 县仅见成虫。草地贪夜蛾为杂食性害虫，幼虫可取食 76 科 350 多种植物，入侵我国后主要危害玉米、甘蔗、高粱、谷子、小麦、大麦、青稞、生姜、薏仁、辣椒、白菜、马铃薯、甘蓝等作物以及马唐、牛筋草等禾本科杂草。

形态特征

成虫：翅展 32 ～ 40mm。雌蛾前翅环形纹和肾形纹，轮廓线黄褐色。雄虫前翅深棕色，具黑斑和浅色暗纹，翅顶角向内有 1 个三角形白斑，环形纹后侧自翅外缘至中室有 1 条浅色斜纹，肾形纹内侧有白色楔形纹；后翅灰白色，翅脉棕色并透明。雄虫外生殖器抱握器正方形，抱器末端的抱器缘刻缺。雌虫交配囊无交配片。

卵：卵呈圆顶形，直径约 0.4mm，高约为 0.3mm。卵多产于叶片正面，通常 100 ～ 200 粒卵堆积成块状，卵上多覆盖有鳞毛，初产时为浅绿色或白色，孵化前渐变为棕色。

幼虫：一般有 6 个龄期，偶为 5 个，体色多变，有浅黄色、浅绿色、褐色多种。老熟幼虫体长 35 ～ 50mm，头部具黄色倒“Y”形斑，背毛片黑色，腹部末节有呈正方形排列的 4 个黑斑。幼虫高密度时，末龄幼虫几乎为黑色。

蛹：蛹呈椭圆形，红棕色，长 14 ～ 18mm，宽约 4.5mm。老熟幼虫落到地上借用浅层（通常深度为 2 ～ 8cm）的土壤做一个蛹室，将土沙粒包裹蛹茧内化蛹，有时亦可在危害寄主植物如玉米的穗上或叶腋处化蛹。

草地贪夜蛾（A：雄虫；B：雌虫；C：卵；D：幼虫）

生活习性

草地贪夜蛾具有远距离迁飞习性，无滞育习性，条件适合时可周年繁殖。成虫有趋光性，但较弱，幼虫有自相残杀习性。

危害特征

一般很少危害蔬菜，室内测定可取食甘蓝、白菜、苦菊等，低龄幼虫可造成开天窗，高龄幼虫造成孔洞或缺刻。

发生规律

在我国东半部的越冬北界位于北纬 32° ～ 34°，此界线以北的华北、东北和华东、中南地区，冬季日平均温度等于或低于 0℃的天数超过 30 天时，不能越冬。根据其发生情况，我国共划分为 3 个区域即西南周年繁殖区、江淮迁飞过渡区和北方重点防范区。根据有效积温推测，东北、内蒙古东南部、河北东北部、山东东部、山西中北部、北京等地 1 年发生 2 ～ 3 代。北纬 33° ～ 36°，包括江苏、上海、安徽、河南中南部、山东南部、湖北北部等地，1 年发生 4 ～ 5 代；北纬 27° ～ 33°，包括湖北中南部、湖南、江西、浙江、福建北部、江苏和安徽南部等地，1 年发生 5 ～ 6 代；北纬 27° 以南，广东和广西南部、福建东部和南部、海南、台湾等地，1 年发生 6 ～ 8 代。

防治方法

参考农业农村部推荐的药剂进行防治。

51 小地老虎

概　况

小地老虎 *Agrotis ipsilon*（Hufnagel），又名黑地蚕、切根虫、土蚕，属鳞翅目夜蛾科，是一种重大的世界性迁飞害虫。

分布与寄主

世界多地都有分布，国内各地皆有不同程度发生，危害各种蔬菜及农作物幼苗，以豆类、茄果类、瓜类、十字花科蔬菜受害最重。

形态特征

成虫：体长 17 ～ 23mm，翅展 40 ～ 54mm。头、胸部背面暗褐色，前翅褐色，前缘区黑褐色，翅脉黑色，基横线、内横线、外横线均双线黑色，内横线内侧和外横线外侧多淡黄褐色，外缘以内多暗褐色；亚端线灰白色锯齿形，内侧 M_3 ～ M_1 脉间有 2 条楔形黑纹，外侧 2 个黑点，剑形纹暗褐色具黑边，环形纹和肾形纹暗灰色，肾形纹后方有 1 条楔形黑纹，尖端向外。后翅灰白色，腹部灰色。

卵：馒头状，底端直径约 0.5mm，高约 0.3mm，具纵横隆线。初产时乳白色，渐变黄色，孵化前卵顶端具 1 个黑点。

幼虫：共有 6 龄，老熟幼虫体长 37 ～ 50mm，宽 5 ～ 6mm。头部褐色，具黑褐色不规则网纹；体灰褐色至暗褐色，体表粗糙，有大小不一的黑色微小颗粒，背线、亚背线及气门线均为黑褐色；前胸背板暗褐色，黄褐色臀板上具 2 条明显深褐色纵带；腹部 1 ～ 8 节背面各节上 D_2 毛片比 D_1 毛片大 1 倍以上，腹足与胸足黄褐色。

蛹：长 18 ～ 24mm，黄褐色至暗褐色，腹部第 1 ～ 3 节无明显横沟，第 4 节腹节背侧面有 3 ～ 4 排刻点，第 5 ～ 7 节腹节背面的刻点较侧面大，尾端黑色，背面有尾刺 1 对。

小地老虎（A：成虫；B：幼虫）

生活习性

成虫昼伏夜出，傍晚至前半夜活动最盛，春季夜间气温达 8℃以上时即有成虫出现，对黑光灯及糖醋酒等趋性较强。卵产于低矮的小杂草幼苗上。幼虫三龄前大多在叶背和叶心里昼夜取食而不入土，危害不明显，三龄后分散，有假死性、对光敏感，受惊吓后呈“C”形，白天潜伏在浅土中，夜晚活动取食。五龄至六龄进入暴食期，取食量之和占总取食量的 95%。三龄后对药剂的抗性显著增加。

危害特征

初孵幼虫常常群集危害，叶片被害咬成小缺刻或网孔状，危害不明显。三龄后把蔬菜幼苗近地面的茎部咬断，幼苗拖入洞中，上部叶片往往露在穴外，使整株死亡，造成缺苗断垄。5 ～ 6 龄幼虫每晚咬断菜苗 4 ～ 5 株，多的达 10 株以上。

发生规律

小地老虎 1 年发生 2 ～ 7 代，西北地区和长城以北发生 2 ～ 3 代，长城以南黄河以北发生 3 代，黄河以南至长江沿岸发生 4 代，长江以南发生 4 ～ 5 代，南亚热带地区发生 6 ～ 7 代。在生产上造成严重危害的为第一代幼虫。在长江流域能以老熟幼虫、蛹和成虫越冬；在广东、广西、云南则全年繁殖危害，无越冬现象。小地老虎喜温暖及潮湿的条件，最适发育温度为 13 ～ 25℃，在河流湖泊地区或低洼内涝、雨水充足及常年灌溉地区，如土质疏松、团粒结构好、保水性强的壤土、黏壤土、沙壤土等均适于小地老虎的发生。早春菜田及周缘杂草多，可提供产卵场所；蜜源植物多，可为成虫提供补充营养的情况下，将会形成较大的虫源，发生严重。

防治方法

（1）农业防治。清除田间杂草，进行精细耕作，恶化生存环境。还可以用泡桐叶或莴苣叶置于田内诱集，清晨捕捉幼虫。保护地在小地老虎成虫期前覆膜加装防虫网，阻隔成虫。

（2）理化诱控。利用性诱剂或糖醋液等诱杀成虫。

（3）生物防治。保护释放天敌昆虫，成虫羽化高峰期后释放松毛虫赤眼蜂，每亩释放 2 万头，间隔 5 ～ 7 天，连续释放 3 次。

（4）化学防治。一龄至二龄幼虫抗药力低，多在植株嫩心危害，防治适期为一龄至二龄幼虫盛期，可选择溴氰菊酯、高效氯氰菊酯、辛硫磷等进行喷雾。三龄后出现断苗时，用毒土、毒饵或毒草，傍晚撒施于田间。具体配方如下。① 毒土法。用菊酯类农药，配制成毒砂，50% 辛硫磷 0.5 kg 加水拌细土 50kg，每公顷用量为 300kg，顺行撒施于幼苗根际附近。② 毒饵法。三龄后田间断茎株率超过 1% 时，可用 90% 晶体敌百虫 0.5 kg 加水 2.5 ～ 5kg，喷拌 50kg 碾碎炒香的棉籽饼或麦麸；50% 辛硫磷 50mL，拌棉籽饼或麦麸 5kg。③ 毒草法。可用 0.25kg 晶体敌百虫拌和铡碎的鲜草或蚕豆茎叶 30 ～ 50kg。每亩用毒饵 5kg，毒草 15 ～ 20kg，于傍晚撒在作物行间。

52 甘薯麦蛾

概　况

甘薯麦蛾 *Brachmia macroscopa* Meyrick，属鳞翅目麦蛾科，是危害甘薯叶片的一种害虫。

形态特征

成虫：体长 4 ～ 8mm，翅展约 18mm。体黑褐色；唇须向上弯曲，伸过头顶；触角丝状，约为前翅长的 2/3 ；前翅狭长，黑褐色，中部有 3 个斑纹，其中 2 个为黄白色，另一个为黑色，翅外缘有 1 列小黑点；后翅宽，淡灰色，缘毛很长。

卵：椭圆形，乳白色。

幼虫：老熟幼虫细长纺锤形，长约 15mm，头稍扁，黑褐色；前胸背板褐色，两侧黑褐色，呈倒“八”字形纹；中胸至第二腹节背面黑色，第三腹节以后各节底色为乳白色，亚背线黑色。

蛹：纺锤形，黄褐色。

甘薯麦蛾（A：危害状；B：幼虫）

生活习性

成虫有趋光性，行动活泼，白天潜伏，夜间在嫩叶背面产卵。幼虫行动活泼，转移至叶正面后，可将叶片折叠连缀，躲在其中取食危害，遇到惊扰后，身体快速扭动，躲避或转移。幼虫在卷叶或土缝中化蛹。

危害特征

幼虫主要危害叶片，转移至正面后，把叶片对折缀叶，然后在缀叶内取食危害，整个叶片被咬成孔洞，或仅剩余叶脉，或破碎化。田间叶片被害率较高时，叶背外翻，导致田间一片银色。

发生规律

1 年发生 3 ～ 4 代，以蛹在田间残株或落叶中越冬，越冬蛹在 6 月上旬开始羽化，6 月下旬在田间即见幼虫卷叶危害，8 月中旬以后田间虫口密度增大，危害加重，10 月末老熟幼虫化蛹越冬。

防治方法

（1）农业防治。甘薯收获后要做好田园清洁，消除越冬虫源。

（2）理化诱控。大面积种植时，可以设置杀虫灯对成虫进行诱杀。

（3）化学防治。可选用氯虫苯甲酰胺、高效氯氰菊酯、氯氟氰菊酯等进行喷雾。

53 蛴 螬

概 况

蛴螬又称白地蚕、土蚕、地蚕等，是金龟子幼虫的总称，属鞘翅目金龟科，在我国，蛴螬约有60种，遍布全国各地，但各地的种类组成也不尽相同。常见的有东北大黑鳃金龟 *Holotrichia diomphalia* Bates、暗黑鳃金龟 *Holotrichia parallela* Motschusky、铜绿丽金龟 *Anomala corpulenta* Motsehulsiy 等。

分布与寄主

华北大黑鳃金龟主要分布于河北、河南、山东、山西、内蒙古、陕西和甘肃等地，是黄淮海麦区的优势种；暗黑鳃金龟、铜绿丽金龟、黑绒鳃金龟分布在我国除西藏、新疆以外的大多数地区。上述几种金龟子寄主都较多，包括多种果树、蔬菜和粮食作物。

形态特征

成虫： 长椭圆形，背翅坚硬，有多种体色，体上一般有毛，有光泽或无光泽。

幼虫： 体肥大，虫体弯曲为“C”形，多为白色，少数为黄白色。头部褐色，头部上颚显著，腹部肿胀。体壁较柔软多皱，体表疏生细毛。具胸足3对，一般后足较长。腹部10节，第十节称为臀节，臀节上生有刺毛，其数目的多少和排列方式也是分种的重要特征。

铜绿丽金龟（成虫）

黑绒腮金龟（成虫）

蛴螬

生活习性

成虫有假死性，大多数种类有趋光性，并对未腐熟的厩肥有强烈趋性，白天藏在土壤中或在叶面活动，夜行种类20：00—21：00为取食、交配活动盛期。卵产于松软湿润的土壤内，以水浇地最多。蛴螬始终在地下活动，活动深度与土壤温湿度关系密切，当10cm土温达5℃时开始上升至表土层，13～18℃时活动最盛，23℃以上则往深土中移动。

发生规律

每1～2年发生1代。以幼虫或成虫在土壤中越冬。每年的5—7月，成虫大量出现。土壤湿润时，蛴螬的活动性强，尤其小雨连绵的天气危害较重。

防治方法

（1）农业防治。在深秋或初冬翻耕土地能杀灭部分害虫。施用腐熟的厩肥。蛴螬发生区，在不影响作物生长发育的前提下，合理灌溉。

（2）生物防治。田间撒施白僵菌制剂。

（3）药剂防治。孵化盛期，撒施辛硫磷颗粒剂。

54 蝼 蛄

概 况

蝼蛄俗称拉拉蛄、土狗子、地狗子，属直翅目蝼蛄科。我国记载的蝼蛄有 6 种，其中分布最广泛、危害最严重的种类有单刺蝼蛄 *Gryllotalpa unispina* Saussure（早期称为华北蝼蛄）和东方蝼蛄 *Gryllotalpa orientalis* Africa Golm（早期称为非洲蝼蛄）2 种。

分布与寄主

单刺蝼蛄是我国北方的重要种类，国内主要分布于北纬 32° 以北，如江苏北部、河南、河北、山东、山西、陕西、内蒙古、新疆、辽宁和吉林西部，尤以华北、西北地区干旱贫瘠的山坡地和塬区危害严重。东方蝼蛄是我国分布最为普遍的蝼蛄种类，属全国性害虫，各省（区）均有分布。蝼蛄可取食危害多种植物的根、嫩茎和苗。

形态特征

蝼蛄属不完全变态，其若虫和成虫相似。体长圆形，淡黄褐色或暗褐色，全身密被短小软毛。雌虫体长约 3cm，雄虫略小。头圆锥形，前尖后钝，头的大部分被前胸背板盖住。触角丝状，长度可达前胸的后缘，第一节膨大，第二节以下较细。复眼 1 对，卵形，黄褐色；复眼内侧的后方有较明显的单眼 3 个。口器发达，咀嚼式。前胸背板坚硬膨大，呈卵形，背中央有 1 条下陷的纵沟，长约 5mm。翅 2 对，前翅革质，较短，黄褐色，仅达腹部中央，略呈三角形；后翅大，膜质透明，淡黄色，翅脉网状，静止时蜷缩折叠如尾状。足 3 对，前足特别发达，基节大，圆形，腿节强

东方蝼蛄

大而略扁，胫节扁阔而坚硬，尖端有锐利的扁齿 4 枚，上面 2 个齿较大，且可活动，因而形成开掘足，适于挖掘洞穴隧道。后足腿节大，胫节背有数个能活动的刺，腹部纺锤形，背面棕褐色，腹面色较淡，呈黄褐色，末端 2 节的背面两侧有弯向内方的刚毛，最末节上生尾毛 2 根，伸出体外。

卵：椭圆形，长 2 ～ 2.8mm，初产时乳白色，后变黄褐色，孵化前为黑色。

生活习性

成虫昼伏夜出，有趋光性，飞翔能力弱。新羽化的成虫当年不交配，危害一段时间后即进入越冬状态，翌年才开始交配产卵。产卵少则数十粒，多则上千粒，平均 300 ～ 400 粒。初孵若虫 3 ～ 6 天后分散危害。

危害特征

蝼蛄是一种杂食害虫，可危害各种作物幼苗。在土中咬食萌动的种子，或咬断幼苗的根茎。蝼蛄咬断处往往呈丝麻状，使幼苗萎蔫而死，造成缺苗断垄。有蝼蛄活动时，常可在地面见到隧道，使幼苗和土壤分离，失水干枯而死。

发生规律

在华中地区、长江流域及其以南地区 1 年发生 1 代，以北地区约 2 年发生 1 代。以成虫、若虫在土中越冬，每年有春、秋季 2 个活动高峰。土壤相对湿度为 22% ～ 27% 时，华北蝼蛄危害最重。土壤干旱时活动少，危害轻。温暖湿润，多腐殖质、低洼盐碱地、施未腐熟粪肥的地块蝼蛄危害重。

防治方法

（1）农业防治。冬春季节耕翻土地，恶化越冬虫源的越冬环境。

（2）理化诱控。在成虫盛发期设置黑光灯诱杀，尤其在温度高、天气闷热、无风的夜晚诱杀效果好。

（3）化学防治。用 57% 辛硫磷 0.25 kg，麦麸 1.5 ～ 2.5 kg，加适量水（拌匀手握成团，撒出去又能散开），每亩施用 2 kg，在无风闷热的傍晚撒施效果最佳。

55 金针虫

概 况

金针虫又称铁丝虫、铁条虫、硬筋虫等，是叩甲幼虫的通称，均隶属于鞘翅目叩甲科，属于重要地下害虫种类。在我国危害农作物的金针虫有数十种，常见的有沟金针虫 *Pleonomus canaliculatus* Faldermann、细胸金针虫 *Agriotes fuscicollis* Miwa 和褐纹金针虫 *Melanotus caudex* Lewis。

形态特征

沟金针虫：老熟幼虫体长 25 ～ 30mm，最宽处约 4mm，体扁平，全体金黄色，被金色毛，表皮坚硬，口器和头部黑褐色，头部扁宽。全身各节背面中央有 1 条细纵沟。尾部黄褐色背面略凹，密布刻点，两侧隆起，侧缘各有 3 个锯齿状突起，尾端分叉。

细胸金针虫：老熟幼虫体长约 32mm，宽约 1.5mm。头扁平，口器深褐色。第 1 胸节较第 2、第 3 胸节稍短，1 ～ 8 腹节约等长，尾圆锥形，近基部两侧各有 2 个褐色圆形斑和 4 条褐色纵纹，顶端有 1 个圆形突起。

褐纹金针虫：老熟幼虫体长约 30mm，宽约 1.7mm，长圆筒形，茶褐色，

叩甲成虫

沟金针虫（幼虫）

有光泽。第2胸节至第8腹节各节前缘两侧有深褐色新月形斑纹，尾节颜色较深，扁平，近末端有3个小突起。

生活习性

成虫白天潜伏于表土内，夜间出土交配产卵。雌成虫无飞翔能力，雄成虫善飞，有趋光性。金针虫的生活史很长，因不同种类而不同，常需2～5年才能完成1代，各代以幼虫或成虫在地下越冬，越冬深度在20～85cm。沟金针虫约需3年完成1代，在华北地区，越冬成虫于3月上旬开始活动，4月上旬为活动盛期。成虫白天躲在田中或田边杂草中和土块下，夜晚活动。雌成虫不能飞翔，行动迟缓有假死性，没有趋光性，雄成虫飞翔能力较强，趋光。卵产于土中3～7cm深处，卵孵化后，幼虫直接危害作物。

危害特征

成虫在地上取食嫩叶，幼虫危害幼芽和种子或咬断刚出土的幼苗，有的钻蛀茎或种子，蛀成孔洞，呈丝窝状，致受害株干枯死亡，造成缺苗断垄。

发生规律

每2～3年发生1代，幼虫和成虫在土中越冬，越冬成虫于3月中旬至4月中旬为活动盛期。土壤温度、湿度对金针虫影响较大。10cm处土温达6℃时，幼虫和成虫就开始取食危害；夏季温度升高时，则幼虫又可向土壤深处下潜。沟金针虫适于旱地，但对土壤水分有一定的要求，其适宜的土壤含水量为15%～18%；在干旱平原，如春季雨水较多，土壤墒情较好，危害加重。

防治方法

（1）农业防治。推广深翻，适时早播、多播，在春季开始危害时浇水，可减轻危害。

（2）化学防治。根部遭受危害时，可选用辛硫磷等药剂，用去掉喷头的喷雾器直接对着根部喷施。每7～10天喷1次，连喷2～3次。

56 马铃薯瓢虫

概　况

马铃薯瓢虫 *Henosepilachna vigintioctomaculata*（Motschulsky），属鞘翅目瓢甲科，是多种蔬菜的一种重要害虫。

分布与寄主

马铃薯瓢虫分布广泛，寄主主要有茄科的马铃薯、茄子、番茄、龙葵、枸杞等，豆科的菜豆、豇豆；葫芦科的黄瓜、西葫芦等。

形态特征

成虫：体长 7 ～ 8mm，半球形，赤褐色，密披细毛，有白色反光。前胸背板前缘凹陷而前缘角突出，中央有 1 条较大的剑状纹，两侧各有 2 个黑色小斑（有时愈合成 1 个）。两鞘翅上各有 14 个黑斑，鞘翅基部 3 个黑斑后方的 4 个黑斑不在一条直线上，两鞘翅合缝处有 1 ～ 2 对黑斑相连。

卵：长约 1.4mm，子弹形，纵立，鲜黄色，有纵纹，呈松散块状排列。

幼虫：老熟幼虫长约 9mm，淡黄褐色，长椭圆状，背面隆起，各节具黑色枝刺，枝刺基部有淡黑色环状纹。

蛹：长约 6mm，椭圆形，淡黄色，背面有稀疏细毛及黑色斑纹。尾端包着末龄幼虫的蜕皮。

生活习性

马铃薯瓢虫成虫具有假死性，早晚静伏，白天觅食、迁移、交尾、产卵，10：00—16：00 最为活跃，多在叶背取食，16：00 以后转向叶面取食。成虫多在叶背产卵，常 20 ～ 30 粒直立成块。越冬代每雌产卵 400 粒左右，第一代每雌产卵 240 粒左右，卵期很长，第一代幼虫发育极不整齐。成虫、幼虫都有取食卵的习性。幼虫共 4 龄，二龄后分散危害，老熟幼虫在叶背或茎上化蛹。

马铃薯瓢虫（A：成虫；B：幼虫）

危害特征

马铃薯瓢虫以成虫和幼虫取食寄主叶、果实和嫩茎造成危害，取食叶时，在叶背剥食，仅留叶脉及上表皮，形成许多不规则半透明的细凹纹，也可以将叶片吃成孔状，仅存叶脉。寄主被害严重时，叶片干枯、变褐；受害果常常从被害处破裂、变硬、变苦，失去商品价值。

马铃薯瓢虫危害马铃薯叶片

马铃薯瓢虫危害大白菜叶片

发生规律

马铃薯瓢虫在东北、华北等地1年发生1～2代，江苏3代。以成虫在背风向阳的山洞、石缝、土内等场所越冬。翌年5月中下旬出蛰，越冬代成虫在日平均气温达16℃以上时开始活动，20℃进入活动盛期，活动初期不飞翔，先在附近杂草上栖息，再逐渐转移至寄主植物上取食繁殖危害。夏季高温是影响马铃薯瓢虫发生的重要因素，28℃以上时，卵即使孵化也不能发育为成虫。

防治方法

（1）农业防治。利用成虫越冬时群居的习性，查清越冬场所，可大批消灭越冬成虫。及时做好田园清洁，既降低虫源基数，也可以切断越冬虫源的食物链。利用成虫、幼虫的假死性，人工捕杀。此外，还可以摘除卵块和蛹，进行集中灭杀。

（2）化学防治。在幼虫未分散前和孵化盛期进行防治，常用药剂有高效氯氰菊酯、溴氰菊酯、甲维盐等。

57 葱黄寡毛跳甲

概况

葱黄寡毛跳甲 *Luperomorpha suturalis* Chen 俗称蹦跶虫，属鞘翅目叶甲科，是葱、韭菜的一种害虫。

分布与寄主

国内分布于北京、河北、内蒙古、山西、江苏、安徽等地，取食危害大葱、洋葱、韭菜、大蒜等百合科植物。

形态特征

成虫：体长 3.3 ～ 4.2mm，宽约 1.5mm，长卵形，体色变异大，多为黄色型、棕红型和黑色型。头顶和前胸背板有细刻点，头部及体背面均有皮革状网纹。棕红型头黑色，中、后胸腹面及触角（除基部 3 节棕红色外）棕黑色，鞘翅周缘及中缝为深色或黑色。雄虫触角特长，伸展至鞘翅末端且粗壮。雄虫前足第 1 跗节膨大呈卵状。黑色型仅前胸、前足、中足棕红色。

葱黄寡毛跳甲（成虫，黄色型）

幼虫：初孵幼虫体长 1.1 ～ 1.3mm。乳白色，头与臀板浅棕色。胸足 3 对，无腹足。老熟幼虫浅黄色，体长 7 ～ 9mm，长圆筒形，尾部略细，胸腹部各节上疏生细刚毛，末节臀板椭圆形，头壳缝为“V”形，胸足 4 节。

蛹：裸蛹，长 3.3 ～ 4.5mm，白色。

葱黄寡毛跳甲（A：黑色型；B：成虫交配）

危害特征

成虫、幼虫均可危害寄主。幼虫分散或集中在韭根中，取食须根，叶片枯黄、凋萎或生长不良。成虫喜食嫩韭叶，沿叶缘的一侧取食大部分韭叶，形成缺刻。粪便似黑色小点覆在叶片上。

生活习性

在北京地区 1 年发生 1 ～ 2 代。以幼虫在韭菜根内和根际土壤 10cm 深处越冬，翌年 3 月开始活动危害，5 月上旬开始出现成虫。幼虫龄期不整齐，危害时间持续较长，6—11 月连续不断；成虫 5 月至 10 月下旬均可见。成虫对黄色和糖醋味有趋性。夏季养根期间，管理粗放、杂草较多田块易导致秋季重发生。降雨或浇水有助于成虫羽化出土，雌虫将卵产在土下根际处，产卵期约 1 个月，每雌产卵 175 粒。

防治方法

（1）农业防治。清洁田园，及时清理田间杂草。露地韭菜冬前适当浅耕和浇冻水，可减少越冬虫量。春季韭菜萌发前剔晒韭菜根，有利于杀灭部分幼虫。冬灌或春灌可杀灭部分幼虫。

（2）物理防治。在夏秋季节，利用高温晴好天气，采用日晒高温覆膜法，可以有效压低虫量。采用黄色粘虫板诱杀监测，每 $20m^2$ 设置一块，板下缘距地面 15cm 左右。也可以选择糖醋液诱杀，按照红糖：醋：白酒：水 =1∶4∶1∶16 的质量比调制，按 0.2% 的质量分数加入 90% 敌百虫晶体，每亩均匀布置 6 ～ 8 处，两周左右更换一次。

（3）化学防治。在成虫数量较大的时候，参考选用高效氯氰菊酯、吡虫啉、噻虫嗪等药剂喷雾防治。若田块较宽时，应采用先喷四周再喷中央的方式，包围杀虫。如地块狭长，可先喷一端，再从另一端喷雾，防止成虫逃窜。幼虫重发生时，可选用辛硫磷等药剂灌根，或撒施有效成分为辛硫磷等药剂的颗粒剂后，再灌水进行防治。

58 黄曲条跳甲

概况

黄曲条跳甲 *Phyllotreta striolata*（Fabricius），又名狗虱虫、跳虱，简称跳甲，属鞘翅目叶甲科。

分布与寄主

世界性害虫，危害严重。危害甘蓝、白菜、油菜等十字花科蔬菜，也可危害茄果类、瓜类、豆类蔬菜。国内各省（区）均有发生。

形态特征

成虫：体长 1.8～2.4mm，黑色有光泽，长椭圆形，前胸背板及鞘翅上有许多纵行刻点，鞘翅上有 1 条黄色纵斑，中部狭而弯曲，后足腿节膨大，善于跳跃。

卵：长约 0.3mm，椭圆形，初产淡黄色半透明，后变为乳白色。

幼虫：老熟幼虫长约 4mm，圆筒形，尾部稍细，头部、前胸背板淡褐色，腹部黄白色，各节具不显著肉瘤，上生有细毛。

蛹：椭圆形，长约 2mm，乳白色，头部隐于前胸下面，翅芽和足达第 5 腹节，腹末有 1 对叉状突起。

黄曲条跳甲（A：油菜；B：萝卜）

生活习性

黄曲条跳甲属于寡食性害虫，偏嗜十字花科蔬菜。成虫善于跳跃，高温时还能飞翔，中午前后活动最盛。成虫喜在潮湿土壤中产卵，产卵期可达30～45天，世代重叠严重。卵孵化需要较高的湿度。幼虫共3龄。

危害特征

成虫和幼虫均能对寄主造成直接危害，以苗期受害最重。成虫咬食叶片造成小孔，严重时千疮百孔，呈筛子状。在留种田，主要危害花蕾和嫩荚。幼虫危害根部，蛀食根皮，咬断须根，使叶片萎蔫枯死。大白菜受害后，还可以导致软腐病。

发生规律

东北及华北地区1年发生2～5代；上海发生7代左右；华南发生7～8代，以成虫在土表的残株落叶及杂草根际越冬。当气温回升至10℃以上开始活动、取食。春秋季发生较重，秋季重于春季，湿度高的田块重于湿度低的田块。

防治方法

（1）农业防治。收获后做好田园清洁，及时翻耕，破坏越冬环境，减少虫口基数。

（2）物理防治。保护地内风口和门口加装防虫网，阻挡成虫迁移。

（3）化学防治。在整地时，严重地块可以撒施辛硫磷颗粒剂杀死幼虫和蛹，或对种子进行包衣防止幼虫危害。生长期，在成虫不活跃的时间段，选择噻虫嗪、溴氰虫酰胺等进行喷雾。

59 蓟 马

概 况

蓟马是昆虫纲缨翅目5 000多种昆虫的统称，为不完全变态昆虫，一生经过卵、若虫、成虫等阶段。能危害农作物的蓟马种类比较多，常见的有西花蓟马、烟蓟马、棕榈蓟马、玉米黄呆蓟马、禾蓟马、稻管蓟马等多种。

分布与寄主

西花蓟马也称苜蓿蓟马，原产于北美洲，目前分布遍及美洲、欧洲、亚洲、非洲、大洋洲。2003在北京发现，目前，已经侵入我国大部分地区，主要寄主有茄子、辣椒、番茄、豆类蔬菜、瓜类、草莓等，其中辣椒、茄子、黄瓜受害最为严重。烟蓟马又名葱蓟马、棉蓟马、瓜蓟马等，寄主植物包括蔬菜、果树、棉花、烟草等经济作物150多种，严重危害大葱、洋葱、大蒜等作物。

形态特征

西花蓟马

成虫：雌成虫体长1.3～1.4mm，雄成虫体长0.9～1.1mm，体黄色至黄褐色，头及胸部略淡，腹部各节前缘暗棕色。触角8节，第3～5节黄色，其余各节淡棕色，第3～4节上有叉状感觉锥。头短于前胸，两颊后部略收窄。单眼3个，三角形排列；单眼间鬃发达，位于前后单眼中心的连线上，其中1对单鬃

西花蓟马危害辣椒

西花蓟马危害西瓜

西花蓟马危害茄子

与复眼后方一对长鬃等长。前胸背板有4对长鬃，分别位于前缘、左右前角各1对，左右后角2对，后缘中央有5对鬃，其中从中央向外第2对鬃最长。中后胸背板愈合。前翅淡黄色，上脉鬃18～21根，下脉鬃13～16根。腹部第5～8节背板两侧有微弯梳，第8节背板后缘有梳状毛12～15根。第9节背板有2对钟状感觉器。第3～7节腹板后缘有鬃3对。雄成虫腹部第3～7节腹板前部有1个小的椭圆形腺室，第8节腹板后缘无梳状毛。

卵：长0.2～0.5mm，白色，肾形，产于植物组织中。

若虫：黄色，无翅，复眼浅红色。初孵时细小，半透明白色，蜕皮前变成黄色，二龄若虫金黄色。

与二龄若虫相似，但有短翅芽，触角前伸。

翅芽长度超过腹部一半，几乎达腹部末端，触角向头后弯曲。

烟蓟马

成虫：雌虫体长1.2～1.4mm，黄褐色至暗褐色。头宽大于长，单眼间鬃较短，位于前单眼之后、单眼三角连线外缘。触角7节，第3节、第4节上具叉状感觉锥；前胸稍长于头，前胸背板具后缘鬃2～5对，与西花蓟马不同前翅淡黄色。前缘线暗褐色。前翅前脉鬃7根，端鬃4～6根；后脉鬃13～15根。中胸腹板内叉骨有刺，后胸腹板内叉骨无刺。腹部第2～8背板中对鬃两侧有横纹，背板两侧和背侧线纹上有许多微纤毛。第2背板两侧缘纵列3根鬃。第8背板后缘梳完整。

卵：长约0.29mm，初期为肾形，乳白色，后期卵圆形，黄白色，可见红色眼点。

若虫：一龄、二龄体长分别为0.3～0.6mm、0.6～0.8mm。体黄白色。

生活习性

蓟马食性复杂，有植食性、菌食性和肉食性，主要营孤雌生殖，偶有两性生殖。植食性蓟马的卵散产于叶肉组织内，若虫在叶背取食，高龄末期停止取食，落入表土化蛹。

危害特征

蓟马一般吸吮植物汁液，由于口器特殊，被害寄主表面往往比较粗糙。叶片或果实受害，除造成一定的产量损失外，主要造成品质下降。此外，有的蓟马种类还能传播植物病毒；也有少数肉食性种类捕食蚜虫和粉虱。

发生规律

大多数蓟马一年四季均可发生，北方地区春、夏、秋季露地和保护地均可发生，冬季只在保护地中发生，一般每年有 2 个高峰期，3—5 月和 11—12 月。蓟马喜欢温暖干旱的天气，连阴雨、暴雨天气不利于大多数蓟马的发生。

防治方法

（1）农业防治。培育无虫健康种苗是蓟马防治的关键，育苗前要进行棚室处理，消灭虫源，确保种苗健康。育苗过程中要加强监测，发现蓟马及时处理。夏季，可以选择晴朗天气，进行高温闷棚 7 ～ 10 天，消灭虫源。

（2）物理防治。在蓟马发生期，悬挂蓝板或黄板（25cm × 30cm），每亩悬挂 30 张，及时调整悬挂高度，确保粘虫板下边缘与植物生长点齐平。此外，还可以选择添加聚集素的粘虫板，提高诱集效率。

（3）生物防治。人工释放小花蝽捕食蓟马，在秋季小花蝽滞育时，及时更换其他措施。另外，可以释放捕食螨，也可以喷施或撒施专性的白僵菌进行防控。

（4）化学防治。药剂可选用乙基多杀菌素、甲维盐、除虫菊素等进行喷雾防治。施药时要尽量选择早晨或傍晚，重点喷施花、嫩梢、叶片背面及地面。

60 萝卜蚜

概况

萝卜蚜 *Lipaphis erysimi*（Kaltenbach），又称菜缢管蚜、菜蚜，属半翅目蚜科，是十字花科作物的主要蚜虫种类之一。

分布与寄主

国内各地区广泛分布。危害萝卜、白菜、油菜等十字花科作物。

形态特征

有翅蚜：体长 1.6 ～ 2.4mm，宽 0.9 ～ 1.2mm，长椭圆形。头、胸部黑色，腹部黄绿色，薄被蜡粉。触角第 3 ～ 5 节依次有圆形次生感觉圈：21 ～ 29 个，7 ～ 14 个，0 ～ 4 个。腹部第 1 ～ 2 节背面及腹管后有 2 条淡黑色横带，腹管前各节两侧有黑斑。腹管圆筒形，暗绿色，中后部膨大，顶端收缩，约与触角第 5 节等长，尾片圆锥形，两侧各有长毛 4 ～ 6 根。

萝卜蚜（A：蚜虫；B：蚜虫与蚜茧蜂）

无翅蚜：体长 1.8 ～ 2.4mm，宽 1.0 ～ 1.3mm，体黄绿色至黑绿色，薄被蜡粉。头部稍有骨化，中额微隆起外倾。触角粗糙，较体短，约为体长的 2/3，第 3 ～ 4 节无感觉圈，第 5 ～ 6 节各有 1 个感觉圈。喙达中足基节。胸部及腹部背面两侧各节各有 1 个长方形的浅褐色斑，各节两侧近前缘处各有 1 个近圆形斑。腹管长筒形，顶端收缩，长约为尾片的 1.7 倍。尾片有毛 4 ～ 6 根，尾板有毛 12 ～ 14 根。

生活习性

在温暖地区或温室内，终年以无翅胎生雌蚜繁殖，无越冬现象。长江以北地区，在蔬菜上产卵越冬。有翅蚜对黄色有强烈的趋性，而对银灰色有负趋性。具有趋嫩的习性，常聚集在十字花科蔬菜的心叶及花序上危害。

危害特征

成蚜、若蚜密集在叶背、茎枝和花轴上刺吸汁液，苗期叶片受害卷曲、发黄，植株矮缩，生长缓慢，严重时叶片枯死。此外，萝卜蚜还可传播病毒病。

发生规律

萝卜蚜在我国北方地区 1 年发生超 10 代，在南方达 30 ～ 40 代。适宜繁殖温度为 14 ～ 25℃，适宜相对湿度为 75% ～ 80%。当旬平均温度在 30℃以上或 6℃以下、相对湿度小于 40% 时，会引起蚜量迅速下降。

防治方法

（1）农业防治。定植前搞好田园清洁，尽量避免多种寄主交替混合种植，人为延长食物链。

（2）理化诱控。可以悬挂黄板诱杀蚜虫，也可以覆盖银膜，进行驱避。

（3）生物防治。注意保护天敌，常见天敌有异色瓢虫、各种食蚜蝇、蚜茧蜂等。发生初期，可以人为释放异色瓢虫进行生物防控。

（4）化学防治。一般可选用吡虫啉、甲维盐、阿维菌素，抗性较高的地区可以选用氟啶虫酰胺、溴氰虫酰胺等。

61 瓜 蚜

概 况

瓜蚜 *Aphis gossypii* Glover，也称棉蚜，属半翅目蚜科，是锦葵科和葫芦科作物生产中的重要小型害虫之一。

分布与寄主

瓜蚜世界性分布，我国各地均有发生，主要寄主有石榴、花椒、木槿、棉花和各种瓜类等。

形态特征

成蚜：无翅孤雌胎生雌成蚜体长 1.5 ～ 1.9mm，卵圆形，体色在春秋两季温度较低时为深绿色，虫体稍大，夏季高温为淡绿色，虫体稍小，体表常有霉状薄蜡粉；触角 6 节，约为体长的 3/4。复眼红色，前胸背板两侧各有 1 个锥形小乳突。腹管约为体长的 1/5，黑青色，圆筒形。尾片青色或黑色，有毛。有翅胎生雌成蚜体长 1.2 ～ 1.9mm，菱形，黄色、浅绿色或深绿色。有翅 2 对；头胸大部为黑色，腹部两侧有 3 ～ 4 对黑斑，触角短于身体。翅透明，中脉分 3 叉，

瓜蚜（A：危害花；B：危害西瓜叶）

瓜蚜危害黄瓜导致拉秧

翅痣灰黄色或青黄色。腹管黑色，圆筒形。尾片乳头状，黑色，有毛4～7根，一般5根。

若蚜：共4龄，体长0.5～1.4mm，形如成蚜，复眼红色，体被蜡粉，有翅若蚜2龄时现翅芽。

卵：长约0.5mm，椭圆形，初产时橙黄色，后变黑色。

生活习性

瓜蚜有苗蚜和伏蚜两个阶段。苗蚜发生在出苗到现蕾以前，适宜偏低的温度，13～15℃发育较慢，18℃以上时发育速度加快，至25℃时达到最快，当气温超过27℃繁殖受到抑制，虫口迅速下降。伏蚜主要发生在7月中下旬到8月，适宜偏高的温度，在27～28℃下大量繁殖，当平均气温高于30℃时，虫口才迅速减退。大雨对蚜虫密度有明显的抑制作用。有翅蚜对黄色有明显趋性。

危害特征

成虫和若虫多群集在叶背、嫩茎和嫩梢刺吸汁液。梢受害，叶片卷缩，生长点枯死，严重时在瓜苗期能造成整株枯死。叶片受害，干枯死亡。蚜虫危害还可引起煤烟病，影响光合作用，更重要的是可传播病毒病。

发生规律

辽宁北部地区瓜蚜 1 年可繁殖 20 代左右，长江流域 20 ～ 30 代，可终年辗转于保护地和露地之间繁殖危害，以卵在夏枯草、车前草等草本植株，以及花椒、木槿、石榴等木本植物上越冬。每年 4 月，当 5 天平均气温达到 6℃时，越冬卵孵化为干母，达 12℃时开始胎生干雌，在越冬植株上繁殖 2 ～ 3 代后产生翅蚜。5 月迁飞到菜园、瓜田。6—7 月出现危害高峰。

防治方法

参考其他蚜虫的防治。

62 桃　蚜

概　况

桃蚜 *Myzus persicae*（Sulzer，1776），别名腻虫、烟蚜、桃赤蚜、菜蚜，属半翅目蚜科，是蔬菜生产中的重要小型害虫，不但造成直接危害，还可以传播病毒病，造成间接危害。

分布与寄主

桃蚜在国内广泛分布。寄主有350余种，常见有十字花科蔬菜和茄科的马铃薯、茄子、辣椒等，也可以危害蔷薇科植物。

形态特征

成蚜：无翅孤雌蚜体长2.0～2.6mm，宽0.9～1.1mm，卵圆形，体色有黄绿色、浅红色、绿色和乳白色。头部颜色较深，额瘤明显，内缘内倾，中额微隆起，触角1.5～2.3mm，约为体长的0.8倍，各节有瓦纹。喙深色，达中足基节，有次生刚毛2对。腹管长筒形，端部黑色，约为尾片的2.3倍。尾片黑褐色，圆锥形，近端部1/3收缩，有曲毛6～7根。干母低龄时体色暗绿色，不透明。有翅胎生雌成蚜体长1.8～2.5mm，宽0.8～1.1mm，头、胸黑色，额瘤

桃蚜危害茄子

内倾。触角第3节有9～11个排成一列的感觉圈。翅无色透明，翅痣灰黄色或青黄色。腹部淡暗绿色；腹部背面第1～2节有横行小横斑或窄横带，第3～6节有1背中大斑，第7～8节有横带，第2～4节各有1对缘斑，斑上有缘瘤，第7～8节各有小背中瘤，两侧有小斑。腹管色同腹部，较长，中后部略膨大，末端有明显缢缩。有翅雄蚜体长1.3～1.9mm，体色深绿、灰黄、暗红或红褐。头胸部黑色。

卵：椭圆形，长0.5～0.7mm，初为橙黄色，后变成漆黑色而有光泽。

生活习性

桃蚜在露地一般营全周期生活，早春2月中旬至3月中旬，树芽萌发时，越冬卵孵化为干母，在越冬寄主上营孤雌胎生，繁殖数代皆为干雌。4月中旬至6月中旬，陆续产生有翅胎生雌蚜，迁飞到十字花科、茄科作物等侨居寄主上危害，并不断营孤雌胎生繁殖出无翅胎生雌蚜，继续进行危害。直至晚秋当越夏寄主衰老，不利于桃蚜生活时，才产生有翅性母蚜，迁飞到越冬寄主上，生出无翅卵生雌蚜和有翅雄蚜，雌雄交配后，在越冬寄主植物上产卵越冬。越冬卵抗寒力很强，即使在北方高寒地区也能安全越冬。在保护地，桃蚜一般一直营孤雌生殖的不全周期生活，比如在北方地区的冬季，仍可在温室内的茄果类蔬菜上继续繁殖危害。

危害特征

桃蚜以成蚜、若蚜聚集在生长点或叶背面吸食汁液，寄主被害后生长缓慢，叶片卷曲，其排泄物还可引发煤污病。另外，桃蚜还可以传播马铃薯卷叶病毒病和甜菜黄化病毒病等多种植物病毒病。

发生规律

桃蚜在华北露地1年发生超10代，保护地可以发生30～40代，在南方无越冬现象，在北方保护地可以持续繁殖，无越冬现象。在16～24℃，种群增长最快，温度高于28℃时对其繁殖发育不利。

防治方法

参考其他蚜虫的防治。

63 甘蓝蚜

概 况

甘蓝蚜 *Brevicoryne brassicae*（Linnaeus，1758），属半翅目蚜科，危害多种十字花科蔬菜。

分布与寄主

分布于我国北方地区的新疆、宁夏、甘肃、北京、辽宁、吉林、黑龙江等地，寄主植物有60多种，包括十字花科蔬菜、药材和野生杂草。

形态特征

有翅胎生雌蚜体长约2.2mm，头、胸部黑色，复眼赤褐色。腹部黄绿色，有数条很明显的暗绿色横带，两侧各有5个黑点，全身覆有明显的白色蜡粉，无额瘤，触角第3节有37～49个不规则的感觉孔，腹管很短，远比触角第5节短，中部稍膨大。无翅胎生雌蚜：体长2.5mm左右，全身暗绿色，被有较厚的白蜡粉，复眼黑色，触角无感觉孔，无额瘤，腹管短于尾片，尾片近似等边三角形，两侧各有2～3根长毛。

甘蓝蚜（无翅型）

甘蓝蚜（聚集危害状）

甘蓝蚜有翅成虫

生活习性

越冬卵一般在翌年4月开始孵化，先在留种株上繁殖危害，5月中下旬迁移到春菜上危害，再扩大到夏菜和秋菜上，10月开始产生性蚜，交尾产卵于留种或储藏的菜株上越冬，少数成蚜和若蚜也可以在菜窖内越冬。

危害特征

喜在叶面光滑、蜡质较多的甘蓝类蔬菜上刺吸植物汁液，叶片被害部位失绿，形成大小不等的白斑，并造成卷叶，进入夹层中危害时，其分泌物落在夹层内，可使内叶出现斑枯。此外，甘蓝蚜还能传播病毒病，造成的损失远远大于蚜害本身。

发生规律

华北地区每年发生超10代，繁殖的适宜温度为16～17℃，低于14℃或高于18℃，繁殖数均趋于减少。

防治方法

参考其他蚜虫的防治。

64 潜叶蝇

概 况

潜叶蝇是美洲斑潜蝇 *Liriomyza sativae*（Blanchard，1938）、南美斑潜蝇 *Liriomyza huidobrensis*（Blanchard，1926）和豌豆彩潜蝇 *Chromatomyia horticola*（Goureau，1851）等几种双翅目潜蝇科害虫的总称。

分布与寄主

潜叶蝇种类较多，广泛分布，寄主种类众多，常见的有番茄、架豆、各种瓜类、菊科类蔬菜、芹菜等。

形态特征

成虫：小蝇子状，体长 1.5 ～ 4mm，黑色或黄色。头部有 1 对相互分离的后顶毛（单眼后毛），1 对短小的单眼鬃，触角芒裸或具刚毛，具口鬃。翅宽，具臂室，前缘脉在 Sc 末端处有缺刻。

卵：雌虫刺破寄主产于组织内。

幼虫：幼虫长 3 ～ 4mm，乳白色或鲜黄色的小蛆，头部不明显，前气门位于体前端背面，左右靠近。

潜叶蝇（A：菜豆叶片危害状；B：潜叶蝇蛹）

斑潜蝇成虫（A：叶片正面；B：叶片背面）

蛹：长约 2mm，初期鲜黄色、橙黄色等，后期黄色或淡褐色或褐色。

危害特征

雌虫产卵危害可造成细小的白色刻点。幼虫潜食叶肉，可造成白色半透明虫道，中间由黑色虫粪形成一条细黑线。

发生规律

每年可发生数代，潜叶蝇具有寄主范围广、繁殖能力强、世代周期短等特点。发生有明显的高峰期，例如在北京以春秋发生较重。受寄主影响，又以番茄、豆类作物受害最重。

防治方法

（1）农业防治。育苗前要做好棚室消毒处理，消灭虫源。在危害严重地区，建议在秋冬季种植非寄主植物，如百合科和伞形花科等耐寒植物，避免多种适食作物来回倒茬。作物收获后，要做好残体处理，消杀虫源。

（2）物理防治。风口和门口加装防虫网，定植后悬挂黄板监测成虫。

（3）生物防治。释放豌豆潜蝇姬小蜂。

（4）化学防治。药剂可选用灭蝇胺、阿维菌素、溴虫腈、高效氯氰菊酯、吡虫啉或噻虫嗪等，优先选用内吸性药剂。

65 烟粉虱

概 况

烟粉虱 *Bemisia tabaci*（Gennadius，1889），原产于热带和亚热带地区，20世纪80年代以来，随着世界贸易的日趋频繁，烟粉虱在世界各地传播并暴发成灾，90年代中期入侵中国，目前已经成为一种世界性害虫。

形态特征

成虫：雌体长0.85～0.91mm，翅展2.07～2.19mm；雄体长0.80～0.90mm，翅展1.75～1.87mm。体淡黄白色，翅2对，白色，被蜡粉无斑点，比温室白粉虱小，前翅脉1条不分叉，静止时左右翅合拢呈屋脊状，脊背有一条明显的缝，足跗节2节，爪2个。

卵：椭圆形，有小柄，与叶面垂直，卵柄通过产卵器插入叶表裂缝中，大多不规则散产于叶背面，偶见于叶正面。卵初产时为淡黄绿色，孵化前颜色慢慢加深至深褐色。

若虫：若虫为淡绿色至黄色，1龄若虫有足和触角，能活动，有体毛16对，腹部末端有1对明显的刚毛，腹部平，背部微隆起，淡绿色至黄色，可透见2个黄点。在二龄或三龄时，烟粉虱的足和触角退化至只有一节，固定在植株上取食；四龄若虫蜕皮后形成伪蛹，蜕下的皮硬化成蛹壳。

烟粉虱（A：成虫；B：卵）

伪蛹：五龄若虫，蛹壳呈淡黄色，长 0.6 ～ 0.9mm，边缘薄或自然下垂，无周缘蜡丝，胸气门和尾气门外常有蜡缘。

生活习性

成虫对黄色有强烈趋性，但忌白色、银白色，不善于飞翔。

危害特征

成虫和若虫群集在叶片背面，口器刺入叶肉，吸取植物汁液，造成叶片褪绿枯萎，果实畸形僵化，引起植株早衰，影响减产。繁殖力强，繁殖速度快，种群数量大，群聚危害，能分泌大量蜜液，严重污染叶片和果实，往往引起煤污病的大发生，使蔬菜失去商品价值。

发生规律

烟粉虱有 24 个不同隐种，其形态特征极为相似，对生产危害比较严重的是 Q 型和 B 型。烟粉虱在田间先是点片发生，然后逐渐扩散蔓延。田间虫口密度分布不均匀，成虫喜群集于植株中上部成熟叶片产卵，不易脱落。

防治方法

（1）农业防治。选用无虫健康种苗，定植前，生产棚室清理杂草和残株，并进行彻底消杀。同一棚室种植多种作物时，要避免茄子、辣椒、番茄、黄瓜等多种烟粉虱的嗜食寄主混种或错期混种。发现烟粉虱危害时，要结合整枝打杈，清除卵或若虫较多的叶片。

（2）理化诱控。生产棚室风口和入口要加装防虫网，室内悬挂黄色粘虫板或添加聚集素的黄色粘虫板诱杀成虫，每亩 20 ～ 30 片，并保持底边高于植株冠层约 20cm。

（3）生物防治。发生初期，人工释放丽蚜小蜂。

（4）化学防治。闭棚后可选用有效成分为异丙威、烯啶虫胺、噻虫嗪、吡虫啉等为主要成分的烟剂，进行熏蒸。当被害植物叶片背面平均有 10 头成虫时，可选用螺虫乙酯、噻虫嗪等进行喷雾防治。

66 温室白粉虱

概 况

温室白粉虱俗称小白蛾，属半翅目粉虱科，是设施蔬菜生产中发生最为普遍、危害最为严重的一种小型害虫。

分布与寄主

温室白粉虱原产于北美西南部，后传入欧洲，现广布世界各地。1975 年始见于北京，现几乎遍布中国。温室白粉虱可危害 47 科 200 多种植物，其中受害较重的蔬菜有黄瓜、番茄、茄子、辣椒、生菜等。

形态特征

成虫：体长 1 ～ 1.4mm。淡黄白色到白色，翅面覆有白色蜡粉，停息时双翅在体背呈屋脊状，翅端半圆状遮住整个腹部，翅脉简单，沿翅外缘有一排小颗粒。

卵：长椭圆形，长径 0.2 ～ 0.25mm，侧面观长椭圆形，基部有卵柄，从叶

温室白粉虱（A：成虫；B：若虫和蛹）

背的气孔插入植物组织中；卵产于叶背面，初产时为淡绿色，覆有蜡粉，而后渐变为褐色，孵化前呈黑色。

若虫：一龄若虫体长约0.29mm，长椭圆形；二龄若虫约0.37mm；三龄若虫约0.51mm，淡绿色或黄绿色，足和触角退化，紧贴在叶片上营固着生活；四龄若虫又称伪蛹，体长0.7～0.8mm，椭圆形，初期体扁平，逐渐加厚，中央略高，黄褐色，体背有长短不齐的蜡丝，体侧有刺。

生活习性

成虫对黄色有强烈趋性，但忌白色、银白色，不善于飞翔。田间发生有明显的中心株，然后逐渐扩散蔓延，但虫口密度仍分布不均。成虫喜群集于植株上部嫩叶背面并在嫩叶上产卵，极不易脱落。随着植株生长，成虫不断向上部叶片转移，因而植株上各虫态的分布就形成了一定规律：最上部嫩叶，以成虫和初产的淡黄色卵为最多；稍下部的叶片多为深褐色的卵；再下部依次为初龄若虫、老龄若虫、蛹。

危害特征

成虫和若虫群集在叶片背面，刺吸寄主汁液，造成叶片褪绿枯萎，引起植株早衰，影响产量。此外，由于温室白粉虱繁殖力强，繁殖速度快，种群数量较大时能分泌大量蜜液，污染叶片和果实，引起煤污病，影响光合作用或使蔬菜失去商品价值。

发生规律

温室白粉虱每年可发生超10余代，在自然条件下不同地区的越冬虫态不同。北方地区自然条件下不能越冬，需以各种虫态在设施内持续繁殖。繁殖适温为18～25℃，夏季高温多雨对其发生的抑制作用不明显。在北方地区，早春温室内虫口密度较小，随气温回升以及温室通风，温室白粉虱逐渐向露地迁移扩散，7—8月虫口数量增加较快，虫口密度最大，9月中旬，气温开始下降；白粉虱又向温室内转移，受内外迁移影响，温室白粉虱防治面临很多困难。

防治方法

（1）农业防治。选用无虫健康种苗，定植前，生产棚室清理杂草和残株，并进行彻底消杀。同一棚室种植多种作物时，要避免茄子、辣椒、番茄、黄瓜等多种温室白粉虱的嗜食寄主混种和错期混种。发现白粉虱危害时，要结合整枝打杈，清除卵或若虫较多的叶片。

（2）理化诱控。生产棚室风口和入口要加装防虫网，室内悬挂黄色粘虫板或添加聚集素的黄色粘虫板诱杀成虫，每亩 20 ～ 30 片，并保持底边高于植株冠层约 20cm。

（3）生物防治。发生初期，人工释放丽蚜小蜂。

（4）化学防治。闭棚后可选用有效成分为异丙威、烯啶虫胺、噻虫嗪、吡虫啉等为主要成分的烟剂，进行熏蒸。当被害植物叶片背面平均有 10 头成虫时，可选用螺虫乙酯、噻虫嗪等进行喷雾防治。

67 菜 蝽

概 况

菜蝽 *Eurydema dominulus*（Socopoli）属半翅目蝽科，危害甘蓝、花椰菜、白菜、萝卜、油菜、芥菜等十字花科蔬菜，全国各地均有发生。

形态特征

成虫：体长 6 ～ 9mm，宽 3 ～ 5mm，椭圆形。体橙黄色或橙红色。头部黑色，侧缘上卷，橙红色或橙黄色。前胸背板橙红色，有 6 块黑斑，2 个在前，4 个在后。小盾板具橙黄色或橙红色“Y”形纹，交会处缢缩。革片具橙黄色或橙红色曲纹，在翅外缘形成 2 黑斑；膜片黑色，具白边。腹部腹面黄白色，具 4 纵列黑斑。足黄、黑相间。

卵：杯形，黄褐色，有黑褐色纹。

若虫：末龄若虫全身为褐色，头部黑色，腹背有黑褐色条斑和点斑。

菜蝽

菜蝽

生活习性

3月下旬开始活动，4月下旬开始交配产卵。一般每雌产卵100余粒，多于夜间产在叶背，单层成块。初孵若虫群集在卵壳四周，低龄若虫有假死性。高龄若虫适应性、耐饥力都较强。

危害特征

成虫和若虫刺吸蔬菜汁液，尤喜刺吸嫩芽、嫩茎、嫩叶、花蕾和幼种荚。害虫的唾液对植物组织有破坏作用，在被刺处留下黄白色至微黑色斑点。幼苗子叶期受害会引起萎蔫，甚至枯死，花期受害则可引起不能结荚或籽粒不饱满。

发生规律

每年发生2～3代，以成虫在石块下、土缝、落叶、枯草中越冬。

防治方法

（1）农业防治。及时冬耕和清洁田园，成虫出蛰前彻底清除田间杂草、落叶，以消灭部分越冬成虫。发现卵块及时摘除。

（2）化学防治。越冬成虫出蛰前及低龄若虫期，选择氯氰菊酯、溴氰菊酯、氟氯氰菊酯、阿维菌素等药剂进行喷雾。

68 斑须蝽

概 况

斑须蝽 *Dolycoris baccarum*（Linnaeus）属半翅目蝽科，各地均分布，危害多种蔬菜。

形态特征

成虫：雌虫长 11.0～12.5mm，雄虫长 9.9～10.6mm。椭圆形，赤褐色或灰黄色，全身被有细毛和黑色小刻点。雌虫触角 5 节，黑色，第 1 节短而粗，第 2～5 节基部黄白色，形成黄黑相间的“斑须”。喙细长，紧贴于头部腹面。小盾片三角形，末端鲜明的淡黄色，为该虫的显著特征。前翅革质部淡红褐色至红褐色，膜质部透明，黄褐色。足黄褐色，散生黑点。

卵：长圆筒形，初产为黄白色，孵化前为黄褐色，眼点红色，有圆盖。

若虫：共 5 龄。初孵若虫为鲜黄色，后变为暗灰褐色或黄褐色，全身被有白色绒毛和刻点。触角 4 节，黑色，节间黄白色，腹部黄色，背面中央自第 2 节向后均有 1 条黑色纵斑，各节侧缘均有 1 个黑斑。

斑须蝽

生活习性

卵多产在植株上部的叶片正面或花蕾、果实的包片上，多行整齐排列。初孵若虫群聚危害，二龄后扩散危害。

危害特征

成虫和若虫刺吸嫩叶、嫩茎、果、穗汁液，造成落花。茎叶被害后，出现黄褐色斑点，严重时叶片卷曲，嫩茎凋萎。

发生规律

每年发生 2 代。以成虫在杂草、枯枝落叶、植物根际、树皮下越冬。4 月初开始活动，4 月中旬交尾产卵，4 月底至 5 月初幼虫孵化，第 1 代成虫 6 月初羽化，6 月中旬为产卵盛期。

防治方法

参见菜蝽防治方法。

69 二斑叶螨（红蜘蛛）

概　况

二斑叶螨 *Tetranychus urticae* Koch 属蛛形纲真螨目叶螨科，近年来，二斑叶螨在设施内发生非常普遍，在部分园区甚至导致提早拉秧，危害严重。

分布与寄主

二斑叶螨和朱砂叶螨为世界性的螨类，寄主有玉米、草莓、茄子、西瓜、番茄、棉花、枣、柑橘和黄瓜等。

形态特征

卵：圆球形，直径约 0.1mm，有光泽，初产为无色透明，后变为淡黄色。

二斑叶螨

二斑叶螨（结网）

幼螨： 近半球形，初孵时无色透明，眼红色，足 3 对，取食后逐渐变为淡黄绿色，体两侧出现深色斑块。

若螨： 体椭圆形，淡橙黄色或深绿色，眼红色，足 4 对，体背两侧各有 1 个深绿色或暗红色圆形斑，后期与成螨相似。

成螨： 体色多变，在不同寄主植物上所表现的体色有所不同，有浓绿、褐绿、橙红、锈红、橙黄等，一般常为橙黄色和褐绿色。雌成螨椭圆形，体长 0.45 ～ 0.55mm，宽 0.30 ～ 0.35mm，前端近圆形，腹末较尖。雄成螨近卵圆形，比雌成螨小，体长 0.35 ～ 0.40mm，宽 0.20 ～ 0.25mm。成螨体背两侧各有 1 块暗红色或暗绿色长斑，有时斑中部色淡分成前后两块，足 4 对。

生活习性

二斑叶螨生育期包括卵、幼螨、第 1 若螨、第 2 若螨和成螨 5 个时期，在幼螨和若螨之后都有一个静止期。其发育历期、成螨寿命、产卵量及种群动态参数等与温度、寄主种类和寄主叶片的营养状况密切相关。二斑叶螨喜欢在叶片背面取食活动，爬行迅速，具有明显的趋嫩性和结网习性，当螨量大时，会结网并聚集网的边缘，数量可达上万头，通过结网，二斑叶螨可在不同叶面、叶柄及枝条间穿行。

繁殖方式主要为两性生殖，即有性生殖，但也营孤雌生殖。在两性生殖中，雌雄交配的后代为两性，孤雌生殖后代全部为雄性。产卵量受温度影响，温度适宜时，产卵量多。在 24.4 ～ 28.1℃，日平均温度 26.7℃条件下，单雌产卵量为 33.21 粒。

二斑叶螨露地以受精越冬型成螨在树皮裂缝、杂草根部及落叶覆盖处群集越冬，保护地内可周年繁殖危害。

危害特征

二斑叶螨成螨、若螨均可产生危害，不同寄主受害后的特征会有一定差异。受害叶片被害初期为许多细小失绿斑点，随着螨量的增加和危害程度的加剧，叶片很快失绿，逐渐沙化，变硬变脆，最后枯黄脱落。

发生规律

二斑叶螨喜高温干旱，降水少且温度较高时发生较重。露地危害盛期为每年 6—7 月，在保护地以春秋季节危害严重。在我国南方 1 年发生 20 代以上，北方 12 ～ 15 代。在保护地可周年繁殖危害。

防治方法

（1）农业防治。定植前清洁田园，采取高温闷棚或其他消毒措施，降低害虫虫口密度。

（2）生物防治。保护地可以释放捕食螨，种类有智利小植绥螨、黄瓜新小绥螨或巴氏新小绥螨。释放最好选择在红蜘蛛发生初期，益害比参考值为 1∶50，释放重点区域为发生的核心区。

（3）化学防治。二斑叶螨对常用杀螨剂的抗性较高，目前防治效果较好的药剂有联苯肼酯和乙唑螨腈，建议一个生长季节，单一药剂使用不要超过 2 次。有机园区，可以选用 99% 矿物油 200 倍液进行防治，但苗期一般不推荐使用，易引起药害。

70 朱砂叶螨（红蜘蛛）

概　况

朱砂叶螨 *Tetranychus cinnabarinus*（Boisduval）属蛛形纲真螨目叶螨科。

分布与寄主

各地均有分布，寄主有玉米、草莓、茄子、西瓜、番茄、棉花、枣、柑橘和黄瓜等。

形态特征

成螨：雌成螨长为 0.42 ～ 0.5mm，宽约 0.3mm，椭圆形。体背两侧具有一块三裂长条形深褐色大斑。雄成螨体长约 0.4mm，菱形，一般为红色或锈红色，也有浓绿黄色的，足 4 对。

卵：近球形，直径 0.13mm，初期无色透明，逐渐变淡黄色或橙黄色，孵化前呈微红色。

幼螨和若螨：卵孵化后为 1 龄，仅具 3 对足，称幼螨。幼螨蜕皮后变为二龄，又称前期若螨，前期若螨再蜕皮，为三龄，又称后期若螨，若螨均有 4 对足。雄螨一生只蜕 1 次皮，只有前期若螨。幼螨黄色，圆形，长约 0.15mm，透

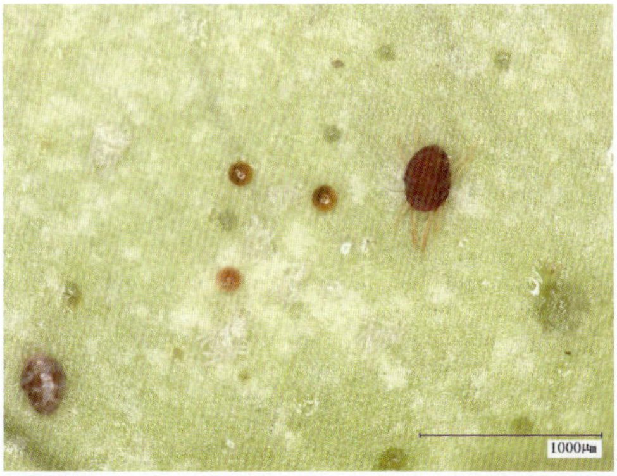

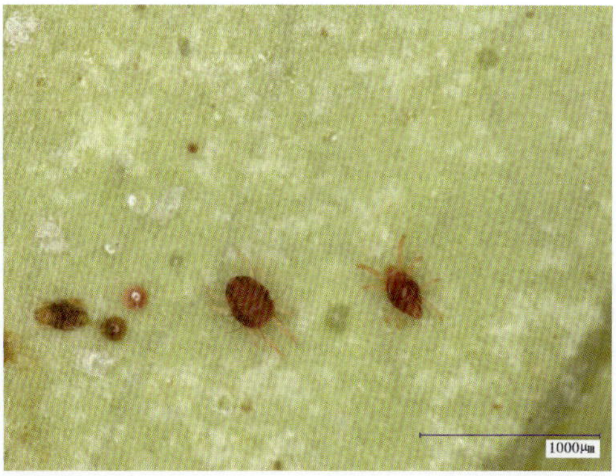

朱砂叶螨

明，具3对足。若螨体长约0.2mm，似成螨，具4对足。前期体色淡，雌性后期体色变红。

生活习性

春季气温达10℃以上，越冬雌螨即开始大量繁殖。先在杂草或其他寄主上取食，繁殖1～2代后，靠爬行或风雨传播扩散到花生田、棉田或果树上危害。在繁殖数量过多、食料不足时常在叶端群集成团，滚落地面，被风刮走，向四周爬行扩散。其扩散和迁移主要靠爬行、吐丝下垂或借风力传播，也可随水流扩散。两性繁殖，雌螨、雄螨一生可多次交配；成螨羽化后即交配，第2天就可产卵，每雌能产50～110粒，多产于叶背。可孤雌生殖，其后代多为雄性。发育适宜温度为29～31℃，相对湿度为35%～55%。幼螨和若螨共蜕皮2～3次，每次蜕皮前要经16～19小时的静伏，不食不动。蜕皮后即可活动和取食。后期若螨则活泼贪食，有向上爬的习性。

危害特征

叶片出现针头大小的褪绿斑，严重时，整个叶片发黄、皱缩，直至干枯脱落。

发生规律

朱砂叶螨在北方1年发生12～15代，长江流域18～20代，华南地区20代以上。以雌成螨在草根、枯叶及土缝或树皮裂缝内吐丝结网群集越冬，最多可达上千头聚在一起。4月下旬至5月上旬迁入花生田危害，6—7月为发生盛期，对春花生可造成局部危害，6—8月进入棉田盛发期。7月中旬雨季到来，叶螨发生量迅速减少，8月若天气干旱可再次大发生。9月中下旬花生收获后迁往冬季寄生，10月下旬开始越冬。干旱少雨时发生严重。暴雨对朱砂叶螨的发生有明显的抑制作用。轮作田发生轻，邻作或间作瓜类和果树的田块发生较重。

防治方法

参见二斑叶螨防治方法。

71 截形叶螨

概况

截形叶螨 *Tetranychus truncatus* Ehara 属真螨目叶螨科，是我国黄瓜、菜豆、茄子、玉米、大豆、棉花等作物的主要害螨之一，各地均有发生。

形态特征

雌螨体长约 0.55mm，宽约 0.3mm。椭圆形，深红色，足及颚体白色，体侧有黑斑。须肢端感器柱形，长约为宽的 2 倍，背感器约与端感器等长。气门沟末端呈“U”形弯曲。足爪间突裂开为 3 对针状毛，无背刺毛。雄螨体长约 0.35mm，宽约 0.2mm。须肢端感器长柱形，其长约为宽的 2.5 倍，背感器较短。阳具柄部宽阔，弯向背面形成 1 个小型端锤，其背缘呈平截状，末端 1/3 处有 1 个凹陷，端锤内角钝圆，外角尖削。

生活习性

在植株上，先危害下部叶片，然后向上蔓延，繁殖数量过多时，常在叶端群集成团，滚落地面，被风刮走，扩散蔓延。

危害特征

若螨和成螨群聚叶背吸取汁液，使叶片灰白色或形成枯黄色细斑，严重时叶片干枯脱落，影响生长，缩短结实期，造成减产。

发生规律

每年发生 10 ～ 20 代。以雌螨在枯枝落叶或土缝中越冬，在华中地区以各虫态在杂草丛中或树皮缝越冬。早春气温达 10℃以上，越冬成螨即开始大量繁殖，多于 4 月下旬至 5 月上中旬迁入菜田，先是点片发生，随即向四周迅速扩散。最适温度为 29 ～ 31℃及相对湿度 35% ～ 55%。相对湿度超过 70% 时不利其繁殖。高温低湿则发生严重，所以 6—8 月危害严重。

截形叶螨（佘小玲　摄）

防治方法

参见二斑叶螨防治方法。

72 茶黄螨

概　况

茶黄螨 *Polyphagotarsonemus latus*（Banks）是温室生产中的一种主要害螨，隶属于蛛形纲真螨目跗线螨科多食跗线螨属，由于体形小、危害症状与病毒病类似、发生广泛等原因，目前已经成为温室蔬菜上危害最为隐蔽、防治较为困难的一类重要害虫。

分布与寄主

茶黄螨分布范围非常广，遍及 40 多个国家和地区，以热带地区分布最广。在我国各地均有发生，其中以北京、天津、河北、内蒙古、山西、山东、河南、江苏、浙江、福建、广东、广西、安徽、江西、湖南、湖北、四川、重庆受害较重，在温带地区主要于温室中危害，条件适宜时向露地扩展。茶黄螨寄主非常多，文献报道中涉及 37 个科 80 多个种。在北京地区，主要危害茄子、辣椒、黄瓜、番茄、菜豆、豇豆等蔬菜作物，一般减产 10% ～ 30%，严重的可达 50% 以上。

形态特征

茶黄螨体形非常小，肉眼一般很难看到虫体。

成螨：雌螨体长约 0.21mm，椭圆形，淡黄色至橙黄色，半透明，体背中央有白色纵条纹，足 4 对，较纤细；雄螨体长约 0.19mm，淡黄色至橙黄色，半透明，足较长而粗壮。

卵：椭圆形，无色透明，卵面纵列 5 ～ 6 行白色小瘤（也记录为半球状鼓包）。

幼螨：椭圆形，淡绿色，有 3 对足。头胸部与成螨很相似，但没有假气门。腹部明显分为 2 节，近若螨时分节逐渐消失。腹部末端呈圆锥形，具有 1 对刚毛。

若螨：为静止的生长发育阶段，长椭圆稍呈梭形，在幼螨的表皮内完成其发育，2 对前足向前伸，2 对后足向后伸。

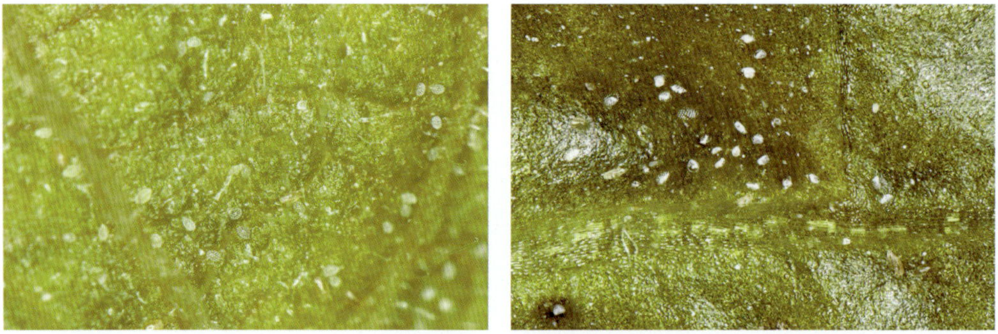

茶黄螨（卵和幼螨）

茶黄螨危害状（A：花蕾；B：果实）

生活习性

茶黄螨有趋嫩性，成螨和幼螨多集中在植株的幼嫩部位危害，尤其喜在嫩叶背面栖息取食。雄螨活动力强，并具有背负雌若螨向植株幼嫩部位迁移的习性。卵多散产于嫩叶背面、果实的凹陷处或嫩芽上。发生初期，在田间呈核心分布，先点片发生，而后逐渐向全田扩散。近距离扩散，依赖幼螨和雄成螨爬行，稍远距离的扩散靠风力和田间操作时的人为传播。在京津冀大部分地区，茶黄螨可在保护地中越冬或繁殖，不能在露地越冬。在长江流域，以雌成螨在冬季作物和杂草根部越冬，也可在保护地内越冬繁殖。在更温暖地带茶黄螨没有越冬现象。

危害特征

受寄主特性的影响，茶黄螨所造成的危害症状也有所差异。

茄子：嫩梢或嫩叶被刺吸后，会出现明显的皱缩、卷曲，严重时，生长点不发新叶，萎缩形成秃顶。叶片受害后，叶缘向下卷曲。嫩茎受害时，表皮木质化。花蕾、幼果受害后逐渐萎缩，不能开花、结果，严重时可导致落花、落蕾。果实受害时，表面长出了一层典型的木栓化网纹，多数还开裂，种子外露呈开花馒头状。

青椒：主要受害部位是嫩叶、嫩果。嫩叶受害后，颜色加深，皱缩卷曲明显，具油渍状光泽或油浸状，叶片变挺、变脆。果实受害后也会出现木栓化的斑块，但不会造成果实开裂。生长中，青椒受害后，易与病毒病混淆。两者之间的区别主要是，茶黄螨危害后，叶片有加厚的趋势，病毒病则出现花叶、坏死斑等。

黄瓜：受害后症状与辣椒类似，叶片也会突然变小，植株变矮，不严重时，同一个叶片会表现出受害与健康两种状况，受害部位发生皱缩卷曲，向一侧呈畸形状。瓜条被害也出现木栓化的斑块，但一般不开裂。

发生规律

茶黄螨以成螨在土缝、蔬菜及杂草根际越冬。茶黄螨生活周期较短，1 年可发生 25 ～ 30 代，世代重叠，生长繁殖的最适温度为 22 ～ 28℃，最适相对湿度为 80% ～ 90%。当温度为 29 ～ 32 ℃时，完成一个世代需要 4 ～ 6 天，18 ～ 22 ℃时，一个世代为 8 ～ 12 天。高温对其繁殖不利，当气温达 34 ～ 35℃，持续 2 ～ 3 小时后，若螨死亡率可达 80%，成螨死亡率高达 60% 以上。热带及温室大棚条件下，全年均可发生，温暖多湿的生态环境有利于茶黄螨生长发育，但冬季繁殖力较低。

防治方法

（1）农业防治。铲除田间和棚内杂草，减少越冬虫源。选用非嗜食寄主与嗜食寄主轮作，以切断食物链。利用茶黄螨生长发育对温度、湿度的要求，结合田间管理，进行大温差防治。如可在白天升高棚温至 34 ～ 35℃，保持 2 ～ 3 小时，此外要加强通风，降低棚室内湿度。

（2）生物防治。释放智利小植绥螨、黄瓜新小绥螨、巴氏新小绥螨、斯氏钝绥螨、拉哥钝绥螨、小花蝽等天敌进行防控。

（3）化学防治。田间达防治指标时，可选用甲维盐、阿维菌素、联苯肼酯、乙唑螨腈等药剂进行喷雾。

73 蛞 蝓

概 况

蛞蝓属腹足纲柄眼目，是蛞蝓科种类的统称，常见种类有野蛞蝓 *Agriolimax agrestis* L.、黄蛞蝓 *Limax flavus* L. 和双线嗜黏液蛞蝓 *Philmycus bilineatus* Bonson 等，近年来，北方保护地内危害逐年加重，部分地区甚至造成严重危害。

分布与寄主

世界各地均有分布，中国各地也均有分布，可危害多种作物，在北京寄主主要有芹菜、韭菜、甘蓝、草莓、花椰菜、茼蒿和食用菌等作物，国外报道还可危害小麦、马铃薯的根茎。

形态特征

蛞蝓雌雄同体，很像去掉壳的蜗牛，体表湿润有黏液，似鼻涕，又称为鼻涕虫。

生活习性

蛞蝓一生分卵、幼体和成体 3 个阶段，受积温影响，各地发生世代不同，但一般世代重叠较为严重。蛞蝓多数为异体交配，少数情况可自体交配，交配完成后，在土块缝隙、疏松土层、植物根部和枯叶下产卵，卵聚集为一堆。每头蛞蝓一生可产卵 300 ～ 500 粒，但产卵能力受食物和气象条件的影响较大。蛞蝓喜欢生活在阴暗潮湿、多腐殖质的地方，昼伏夜出，夜间 23：00 至翌日 3：00 是其取食高峰期。成体畏光，强光照射 2 ～ 3 小时个体就会死亡。蛞蝓最适发育温度为 12 ～ 20℃，无严格的越夏期和越冬期，25℃以上个体活动会减少，超过 30℃会导致个体大量死亡。

危害特征

作物较小时，会吃光幼苗及生长点，造成缺苗断垄。叶片较大时，会造成孔洞或缺刻。大多数情况下，蛞蝓会在经过的地方留下白色透明的液体干状物，此特征常常用于区分其他造成孔洞或缺刻的害虫。

防治方法

（1）农业防治。做好田园清洁，彻底清除已发生蛞蝓的残体或杂草，防止蛞蝓就地转移。另外，叶菜田应尽可能与果菜田倒茬，延缓蛞蝓的数量累积速度。生产中，叶菜封垄后要少浇水，控湿控害。

（2）物理防治。发生初期，可以选择清晨或傍晚，沿取食痕迹进行人工捕捉。

（3）化学防治。发生盛期，在垄外或垄间，可选择四聚乙醛等引诱剂进行诱杀，另据报道，食诱剂正在试验之中，磷酸铁、甲硫威、啤酒也有一定引诱作用。引诱期间，当白天蛞蝓隐蔽时，要及时清理食诱剂周围死亡个体和活体，防止腐烂或再次形成危害。

蛞蝓危害白菜

蛞蝓危害芹菜（A：成体；B：卵及幼体）

蛞蝓卵

蛞蝓取食痕迹

74 灰巴蜗牛

概　况

灰巴蜗牛 *Bradybaena ravida*（Benson）属腹足纲柄眼目巴蜗牛科，危害甘蓝、花椰菜、白菜、萝卜、豆类、马铃薯等蔬菜。保护地蔬菜的迅速发展为蜗牛的栖息和越冬提供了适宜的环境，蜗牛的发生有加重的趋势。

形态特征

灰巴蜗牛

成体：壳质稍厚，坚固，呈圆球形。壳高约 19mm、宽约 21mm，有 5.5 ～ 6 个螺层，顶部几个螺层增长缓慢、略膨大，底螺层急骤增长、膨大。壳面黄褐色或琥珀色，并具有细致而稠密的生长线和螺纹。壳顶尖。缝合线深。壳口呈椭圆形，口缘完整，略外折，锋利，易碎。轴缘在脐孔处外折，略遮盖脐孔。脐孔狭小，呈缝隙状。个体大小、颜色变异较大。

卵：圆球形，白色。

危害特征

主要取食蔬菜幼苗、叶、地下块茎及果实。蜗牛将蔬菜幼苗咬断，造成缺苗断垄，甚至整块地仅剩个别植株；危害叶片时，造成缺刻、孔洞，严重时仅余叶脉。

发生规律

每年繁殖 1 ～ 2 次，卵产于草根、农作物根部的土壤中及石块下。

防治方法

参考蛞蝓防治方法。

杂　草

75 藜

概 况

藜 *Chenopodium album* L.，也称灰菜、落藜，藜科藜属，一年生草本植物。

分布信息

除西藏外，广泛分布于我国各地。国外常见于温带和热带地区。

形态特征

幼苗子叶近线形或披针形，长 0.6 ～ 0.8cm，先端钝，肉质，略带紫色，叶背面具白粉，具柄。初生叶 2 片，长卵形，先端钝，边缘略呈波状，叶脉明显，叶背多呈紫红色，具白粉。上下胚轴均发达，紫红色。后生叶互生，叶形变化大，呈三角状卵形，全缘或有钝齿。成株高 60 ～ 120cm，茎直立，粗壮，有棱和纵条纹，多分枝，上升或开展。叶有长柄，叶片菱状卵形至宽披针形，长 3 ～ 6cm，宽 2.5 ～ 5cm，先端急尖或微钝，基部宽楔，叶缘不整齐锯齿。花两性，圆锥状花絮，顶生或腋生，花小，黄绿色，花被裂片 5，宽卵形至椭圆形；雄蕊 5，柱头 2。胞果完全包于花内或顶部稍外露，果皮薄，和种子紧贴；种子横生，双凸镜状，直径 1.2 ～ 1.5mm，黑色，有光泽，表面具浅沟纹。

藜（幼苗）

藜（成株期）

生活习性

生于路旁、荒地及田间，为很难除掉的杂草。花果期 5—10 月，种子繁殖。

76 红　蓼

概　况

红蓼 *Persicaria orientails*（L.）Spach，别名荭草、红草、大红蓼、东方蓼、大毛蓼、游龙、狗尾巴花，蓼科蓼属，一年生草本植物。

分布信息

除西藏外，广布于中国各地。国外分布于朝鲜、日本、俄罗斯、菲律宾、印度、欧洲和大洋洲。

形态特征

茎直立，粗壮，高 1 ～ 2m，上部多分枝，密被开展的长柔毛。叶宽卵形、宽椭圆形或卵状披针形，长 10 ～ 20cm，宽 5 ～ 12cm，顶端渐尖，基部圆形

红蓼

或近心形，微下延，边缘全缘密生缘毛，两面密生短柔毛，叶脉上密生长柔毛；叶柄长 2 ～ 10cm，具开展的长柔毛；托叶鞘筒状，膜质，长 1 ～ 2cm，被长柔毛，具长缘毛，通常沿顶端具草质、绿色的翅。总状花序呈穗状，顶生或腋生，长 3 ～ 7cm，花紧密，微下垂，通常数个再组成圆锥状；苞片宽漏斗状，长 3 ～ 5mm，草质，绿色，被短柔毛，边缘具长缘毛，每苞内具 3 ～ 5 花；花梗比苞片长；花被 5 深裂，淡红色或白色；花被片椭圆形，长 3 ～ 4mm；雄蕊 7，比花被长；花盘明显；花柱 2，中下部合生，比花被长，柱头头状。瘦果近圆形，双凹，直径长 3 ～ 3.5mm，黑褐色，有光泽，包于宿存花被内。

生活习性

野生或栽培。生沟边湿地、村边路旁，海拔分布 30 ～ 2 700m，6—9 月开花，8—10 月结果，种子繁殖。

77 苦蘵

概况

苦蘵 *Physalis angulata* L.，别名灯笼草、灯笼泡、天泡草，茄科酸浆属，一年生草本。

分布信息

中国华北、华东、华中、华南及西南地区均有分布。日本、印度、澳大利亚和美洲也有分布。

形态特征

高 0.5 ～ 1m，多分枝，基部有时匍匐生根。茎四棱形，具槽，被平展糙硬毛及腺毛。叶卵形，长 2 ～ 5cm，宽 1.5 ～ 3.2cm，先端钝或急尖，基部阔楔形至近圆形，边缘具疏圆齿状牙齿，正面榄绿色，背面略淡，两面被糙硬毛，尤其是背面脉上，侧脉约 5 对，与中脉在正面微下陷、背面明显隆起。轮伞花序多花，圆球状，花时径达 2cm，沿茎及分枝形成宽而多头的圆锥花序；苞叶叶状，较小，生于茎及分枝近顶部者退化成苞片状；苞片针状，长 3 ～ 5mm，被具节长柔毛及腺柔毛；花梗长 2 ～ 5mm，密被腺柔毛。花萼圆筒形，花时长约 6mm，宽约 1mm，具 13 脉，脉上被节长柔毛及腺微柔毛，萼内喉部具疏刚毛，果实基部一边膨胀，宽至 2mm，上唇 3 齿，齿三角形，具尾尖，下唇 2 齿，先端芒尖。花冠紫红色，长约 8mm，冠筒伸出于花萼，外面被微柔毛，冠檐二唇形，上唇直伸，先端微缺，下唇 3 裂。雄蕊不露出，后对雄蕊短且花药小，前雄蕊长超过下唇，花药正常。花盘平顶。子房无毛。小坚果卵形，长约 1mm，褐色，光滑。

生活习性

生于山坡林下或田边路旁，为秋季作物田的常见杂草，花果期 5—12 月，种子繁殖。

苦蘵（王泽民 摄）

78 附地菜

概况

附地菜 *Trigonotis peduncularis*（Trev.）Benth. ex Baker et Moore，别名地胡椒，紫草科附地菜属，一年生或二年生草本。

附地菜

分布信息

中国分布于东北、华北、西北、西南、华东、华中及广西、福建等地。欧洲东部、亚洲温带的其他地区也有分布。

形态特征

一年生或二年生草本。茎通常多条丛生，稀单一，密集，铺散，高 5 ～ 30cm，基部多分枝，被短糙伏毛。基生叶呈莲座状，有叶柄，叶片匙形，长 2 ～ 5cm，先端圆钝，基部楔形或渐狭，两面被糙伏毛，茎上部叶长圆形或椭圆形，无叶柄或具短柄。花序生茎顶，幼时卷曲，后渐次伸长，长 5 ～ 20cm，通常占全茎的 1/2 ～ 4/5，只在基部

附地菜

具2～3个叶状苞片，其余部分无苞片；花梗短，花后伸长，长3～5mm，顶端与花萼连接部分变粗呈棒状；花萼裂片卵形，长1～3mm，先端急尖；花冠淡蓝色或粉色，筒部甚短，檐部直径1.5～2.5mm，裂片平展，倒卵形，先端圆钝；花药卵形，长约0.3mm，先端具短尖。小坚果斜三棱锥状四面体形，长0.8～1mm，有短毛或平滑无毛，背面三角状卵形，具3锐棱，腹面的2个侧面近等大而基底面略小，突起，具短柄，柄长约1mm，向一侧弯曲。

生活习性

多生于平原、丘陵较湿润的农田、路旁、荒地及灌丛中，目前，保护地中也比较多。花果期3—7月，种子繁殖。

79 夏至草

概 况

夏至草 *Lagopsis supina*（Stephan ex Willd.）Ikonn. -Gal，别名白花益母，唇形科夏至草属，多年生草本。

分布信息

中国大部分地区均有分布。俄罗斯西伯利亚、朝鲜也有分布。

形态特征

多年生草本，披散于地面或上升，具圆锥形的主根。茎高15～45cm，四棱形，具沟槽，带紫红色，密被微柔毛，常在基部分枝。叶轮廓为圆形，长宽1.5～2cm，先端圆形，基部心形，3深裂，裂片有圆齿或长圆形犬齿，有时叶片为卵圆形，3浅裂或深裂，裂片无齿或有稀疏圆齿，通常基部越冬叶缘较宽大，叶片两面均绿色，正面疏生微柔毛，背面沿脉上被长柔毛，余部具腺点，边缘具纤毛，脉掌状，3～5出；叶柄长，基生叶的长2～3cm，上部叶的较短，通常在1cm左右，扁平，上面微具沟槽。轮伞花序疏花，直径约1cm，在枝条上部者较密集，在下部者较疏松；小苞片长约4mm，稍短于萼筒，

夏至草

夏至草花期

弯曲，刺状，密被微柔毛。花萼管状钟形，长约 4mm，外密被微柔毛，内面无毛，脉 5，凸出，齿 5，不等大，长 1～1.5mm，先端刺尖，边缘有细纤毛，座果时明显展开，且 2 齿稍大。花冠白色，稀粉红色，稍伸出于萼筒，长约 7mm，外面被绵状长柔毛，内面被微柔毛，在花丝基部有短柔毛；冠筒长约 5mm，直径约 1.5mm；冠檐二唇形，上唇直伸，比下唇长，长圆形，全缘，下唇斜展，3 浅裂，中裂片扁圆形，2 侧裂片椭圆形。雄蕊 4，着生于冠筒中部稍下，不伸出，后对较短；花药卵圆形，2 室。花柱先端 2 浅裂。花盘平顶。小坚果长卵形，长约 1.5mm，褐色，有鳞秕。

生活习性

生于路旁、旷地上，在西北、西南各地生长海拔可高达 2 600m 以上，花期 3—4 月，果期 5—6 月，种子繁殖。

80 萹 蓄

概 况

萹蓄 *Polygonum aviculare* L.，又名扁竹、竹叶草，蓼科蓼属，一年生草本。

分布信息

广泛分布于北温带；在中国各地都有分布。

形态特征

茎平卧、上升或直立，高 10 ～ 40cm，自基部多分枝，具纵棱。叶椭圆形，狭椭圆形或披针形，长 1 ～ 4cm，宽 3 ～ 12mm，顶端钝圆或急尖，基部楔形，边缘全缘，两面无毛，下面侧脉明显；叶柄短或近无柄，基部具关节；托叶鞘膜质，下部褐色，上部白色，撕裂脉明显。花单生或数朵簇生于叶腋，遍布于植株；苞片薄膜质；花梗细，顶部具关节；花被 5 深裂，花被片椭圆形，长 2 ～ 2.5mm，绿色，边缘白色或淡红色；雄蕊 8，花丝基部扩展；花柱 3，柱头头状。瘦果卵形，具 3 棱，长 2.5 ～ 3mm，黑褐色，密被由小点组成的细条纹，无光泽，与宿存花被近等长或稍超过。

萹蓄（王泽民 摄）

生活习性

生长于海拔 10 ～ 4 200m 的田边、沟边湿地，花期 5—7 月，果期 6—8 月，种子繁殖。

81 播娘蒿

概 况

播娘蒿 *Descurainia sophia*（L.）Webb ex Prantl，别名米米蒿、麦蒿，十字花科播娘蒿属，一年生草本植物。

分布信息

国内除华南外全国各地均有分布，亚洲、欧洲、非洲及北美洲也有分布。

形态特征

幼苗全株被星状毛或叉状毛，灰绿色。子叶长椭圆形，具柄。初生叶3～5裂，中间裂片大，两侧裂片小，先端锐。上胚轴和下胚轴均不发达，后生叶互生，叶片为2回羽状深裂。成株高10～70cm，有毛或无毛，毛为叉

播娘蒿（幼苗）

播娘蒿（成株期）

状毛，以下部茎生叶为多，向上渐少。茎直立，分枝多，常于下部呈淡紫色。叶为3回羽状深裂，长2～12（15）cm，末端裂片条形或长圆形，裂片长（2）3～5（10）mm，宽0.8～1.5（2）mm，下部叶具柄，上部叶无柄。花序伞房状，果期伸长；萼片直立，早落，长圆条形，背面有分叉细柔毛；花瓣黄色，长圆状倒卵形，长2～2.5mm，或稍短于萼片，具爪；雄蕊6枚，比花瓣长1/3。长角果圆筒状，长2.5～3cm，宽约1mm，无毛，稍内曲，与果梗不成1条直线，果瓣中脉明显；果梗长1～2cm。种子每室1行，种子形小，多数，长圆形，长约1mm，稍扁，淡红褐色，表面有细网纹。

生活习性

生于山地草甸、沟谷、村旁、田边。花果期4—6月，种子繁殖。

82 猪殃殃

概　况

猪殃殃 *Galium aparine* L. var. *tenerm*（Gren et Godr.），茜草科拉拉藤属，一年生草本。

分布信息

我国大部分地区都有分布，国外分布于日本、朝鲜、巴基斯坦等地区。

形态特征

多枝、蔓生或攀缘状草本。茎四棱，棱上、叶缘及叶下面中脉上均有倒生小刺毛。叶4～8片，轮生，近无柄，叶片条状倒披针形，长1～3cm，顶端有凸尖头。聚伞花序腋生或顶生，单生或2～3个簇生，有黄绿色小花数朵；花瓣4枚，有纤细梗；花萼上也有钩毛，花冠辐射状，裂片矩圆形，长不及1mm。果干燥，密被钩毛，每一果室有1颗平凸的种子。

生活习性

生于海拔350～4 300m的山坡、旷野、沟边、湖边、林缘、草地。在中国江苏、安徽、湖北三省一般于8月底或9月上旬，气温降至19℃以下猪殃殃开始出土，10月中下旬和11月气温降至11～16℃为出土高峰期，部分在翌年3月气温上升到3℃以上出土。冬后3月生长加快，4月营养生长极快。4月现蕾、开花，5月种子成熟，全生育期180～220天。

猪殃殃

83 紫花地丁

概况

紫花地丁 *Viola philippica* Cav.，别名辽堇菜、野堇菜、光瓣堇菜，堇菜科堇菜属。

分布信息

国内分布于东北、华北、华东、西南、福建和台湾。

形态特征

幼苗下胚轴不发达，子叶卵状椭圆形，长约5mm，先端微凹，具柄，无毛；初生叶为卵圆形，先端钝。成株无毛或有绿色短毛，无地上茎，高4～14cm，果期高可达20cm。根状茎短，垂直，淡褐色，长4～13mm，粗2～7mm，节密生，有数条淡褐色或近白色的细根。叶多数，基生，莲座状；叶片下部者通常较小，呈三角状卵形或狭卵形，上部者较长，呈长圆形、狭卵状披针形或长圆状卵形，长1.5～4cm，宽0.5～1cm，先端圆钝，基部截形或楔形，稍微心形，边缘具较平的圆齿，两面无毛或被细短毛，有时仅下面沿叶脉被短毛，果期叶片增大，长可达10cm，宽可达4cm；叶柄在花期通常长于叶片1～2倍，上部具极狭的翅，在果期长可

紫花地丁

紫花地丁（A：花期；B：种子）

达 10cm，上部具较宽之翅，无毛或被细短毛；托叶膜质，苍白色或淡绿色，长 1.5 ～ 2.5cm，2/3 ～ 4/5 与叶柄合生，离生部分线状披针形，边缘疏生具腺体的流苏状细齿或近全缘。花中等大，紫堇色或淡紫色，稀呈白色，喉部色较淡并带有紫色条纹；花梗通常多数细弱，与叶片等长或高出于叶片，无毛或有短毛，中部附近有 2 枚线形小苞片；萼片卵状披针形或披针形，长 5 ～ 7mm，先端渐尖，基部附属物短，长 1 ～ 1.5mm，末端圆或截形，边缘具膜质白边，无毛或有短毛；花瓣倒卵形或长圆状倒卵形，侧方花瓣长，1 ～ 1.2cm，里面无毛或有须毛，下方花瓣连距长 1.3 ～ 2cm，里面有紫色脉纹；距细管状，长 4 ～ 8mm，末端圆；花药长约 2mm，药隔顶部的附属物长约 1.5mm，下方 2 枚雄蕊背部的距细管状，长 4 ～ 6mm，末端稍细；子房卵形，无毛，花柱棍棒状，比子房稍长，基部稍膝曲，柱头三角形，两侧及后方稍增厚成微隆起的缘边，顶部略平，前方具短喙。蒴果长圆形，长 5 ～ 12mm，无毛；种子卵球形，长约 1.8mm，淡黄色。

生活习性

生于田间、荒地、山坡草丛、灌丛或林缘等处，较湿润处可以形成小群落。花果期 4 月中下旬至 9 月，以根状茎和种子繁殖。

84 泥胡菜

概 况

泥胡菜 *Hemisteptia lyrata* (Bunge) Fischer & C. A. Meyer，菊科泥胡菜属，一年生或二年生草本。

分布信息

中国除新疆、西藏外各地均有分布。朝鲜、日本、南亚及澳大利亚普遍分布。

形态特征

成株高 30 ～ 80cm。茎直立单生，具纵棱，被稀疏蛛丝毛或无。上部常分枝，少有不分枝的。基生叶长椭圆形或倒披针形，长 10 ～ 20cm，顶裂片较大，三角形，有时 3 裂，侧裂片 7 ～ 8 对，倒卵形、长椭圆形、匙形、倒披针形或披针形，向基部的侧裂片渐小，正面绿色，反面被白色蛛丝状毛；中部叶椭圆形，先端渐尖，无柄，羽状分裂。上部叶线状披针形至线形。头状花序多数，于茎顶排列成伞房状。总苞球形，长 12 ～ 14mm，总苞片 5 ～ 8 层，外层卵形，较短，中层椭圆形，内层条状披针形，背部顶端下具紫红色鸡冠状的附片。花冠管状，紫红色，长 13 ～ 14mm。筒部远较冠檐为长约 5 倍，裂片 5。瘦果小，楔状或偏斜楔形，长约 2.2mm，深褐色，压扁，有 13 ～ 16 条粗细不等纵棱；冠毛 2 层，外层冠毛长 10 ～ 15mm，羽毛状，白色。

泥胡菜幼苗

泥胡菜（成株期）

生活习性

生长在海拔 50 ～ 3 280m 的山坡、山谷、平原、丘陵，林缘、林下、草地、荒地、田间、河边、路旁等处，花果期 5—8 月，种子繁殖。

85 独行菜

概况

独行菜 *Lepidium apetalum* Willd.，又名辣辣根、腺茎独行菜、辣根菜，十字花科独行菜属，一年或二年生草本。

分布信息

中国东北、华北、华东、西北、西南等地均有分布。亚洲其他地区和俄罗斯欧洲等地也有分布。

形态特征

幼苗全株光滑无毛，子叶椭圆形，先端钝尖，叶基部楔形，具长柄，下胚轴较发达，上胚轴不发育。初生叶 2 片，对生，叶片掌状 3 ～ 4 裂，叶基部

独行菜（王泽民　摄）

阔楔形，具长柄；后生叶互生，叶片掌状5浅裂，其他与初生叶类似。成株高5～30cm；茎直立，有分枝，无毛或具微小头状毛。基生叶窄匙形，一回羽状浅裂或深裂，长3～5cm，宽1～1.5cm；叶柄长1～2cm；茎上部叶线形，有疏齿或全缘。总状花序在果期可延长至5cm；萼片早落，卵形，长约0.8mm，外面有柔毛；花瓣不存或退化成丝状，比萼片短；雄蕊2或4。短角果近圆形或宽椭圆形，扁平，长2～3mm，宽约2mm，顶端微缺，上部有短翅，隔膜宽不到1mm；果梗弧形，长约3mm。种子椭圆形，长约1mm，平滑，棕红色。

生活习性

生于山坡、山沟、路旁和村庄附近，花果期5—7月，种子繁殖。

86 香附子

概 况

香附子 *Cyperus rotundus* L.，又名莎草、香头草、回头青，莎草科莎草属，一种多年生恶性杂草。

分布信息

全球各地广泛分布，国内几乎遍布全国各地。

形态特征

幼苗第一片真叶线状披针形，有5条明显的平行脉，叶片横切面呈“V”形。第3片真叶具10条明显平行脉。成株匍匐根状茎长，具椭圆形块茎。秆稍

香附子（幼苗）

香附子（成株期）

细弱，高 15 ～ 95cm，锐三棱形，直立，散生。叶基生，短于秆，宽 2 ～ 5mm，平张；鞘棕色，常裂成纤维状。叶状苞片 2 ～ 3 枚，常长于花序，或有时短于花序；长侧枝聚伞花序简单或复出，具（2）3 ～ 10 个辐射枝；辐射枝最长可达 12cm；穗状花序轮廓为陀螺形，稍疏松，具 3 ～ 10 个小穗；小穗斜展开，线形，长 1 ～ 3cm，宽约 1.5mm，具 8 ～ 28 朵花；小穗轴具较宽的、白色透明的翅；鳞片稍密地复瓦状排列，膜质，卵形或长圆状卵形，长约 3mm，顶端急尖或钝，无短尖，中间绿色，两侧紫红色或红棕色，具 5 ～ 7 条脉；雄蕊 3，花药长，线形，暗血红色，药隔突出于花药顶端；花柱长，柱头 3，细长，伸出鳞片外。小坚果长圆状倒卵形，三棱形，长为鳞片的 1/3 ～ 2/5，具细点。

生活习性

生于农田、路旁和荒地，为秋熟作物的恶性杂草。花果期 5—11 月。种子或块茎繁殖。

87 泽 漆

概 况

泽漆 *Euphorbia helioscopia* L.，又名乳腺草、猫儿眼、五朵云等，大戟科大戟属，一年生或二年生草本。

分布信息

目前，除新疆和西藏没有记录，几乎遍及全国，国外分布于欧亚大陆和北非。

形态特征

幼苗全株光滑无毛，体内含白色乳汁。子叶椭圆形，全缘，具短柄，下胚

泽漆（成株期）

轴发达，上胚轴明显。初生叶对生，倒卵形，上半部叶缘有小锯齿，具长叶柄，后生叶与初生叶类似，但互生，先端钝或微凹。成株高 10 ～ 30（50）cm，下部分枝。茎直立，单一或自基部多分枝，分枝斜展向上，光滑无毛。叶互生，倒卵形或匙形，长 1 ～ 3.5cm，宽 5 ～ 15mm，先端钝或微凹，基部楔形；总苞片 5 枚，倒卵状长圆形，长 3 ～ 4cm，宽 8 ～ 14mm，先端钝，基部略渐狭，无柄；总伞幅 5 枚，长 2 ～ 4cm；苞叶 2 枚，卵圆形，先端钝，基部呈圆形。花序单生，有柄或近无柄；总苞钟状，高约 2.5mm，直径约 2mm，光滑无毛，边缘 5 裂，裂片半圆形，边缘和内侧具柔毛；腺体 4 盘状，中部内凹，基部具短柄，淡褐色。雄花数枚，明显伸出总苞外；雌花 1 枚，子房柄略伸出总苞边缘。蒴果三棱状阔圆形，光滑，无毛；具明显的三纵沟，长 2.5 ～ 3.0mm，直径 3 ～ 4.5mm；成熟时分裂为 3 个分果爿。种子卵状，长约 2mm，直径约 1.5mm，暗褐色，具明显的脊网；种阜扁平状，无柄。

生活习性

喜潮湿环境，生于山沟、路旁、荒野、山坡和蔬菜地旁。花期 4—5 月，果期 6—7 月。种子繁殖。

88 鸭跖草

概况

鸭跖草 *Commelina communis* L.，别名碧竹子、翠蝴蝶、淡竹叶等，鸭跖草科鸭跖草属，一年生披散草本。

分布信息

国内几乎各地均有分布。越南、朝鲜、日本、俄罗斯远东地区以及北美也有分布。

形态特征

幼苗子叶1片。子叶鞘与种子之间由1条白色子叶连接。第1叶片椭圆形，有光泽，尖端锐尖，基部有鞘抱茎；叶鞘口有毛。第2片至第4片叶为披针形，

鸭跖草

鸭跖草

后生叶长圆状披针形。成株茎匍匐生根，多分枝，长可达 1m，下部无毛，上部被短毛。叶披针形至卵状披针形，长 3 ～ 9cm，宽 1.5 ～ 2cm。总苞片佛焰苞状，有 1.5 ～ 4cm 的柄，与叶对生，折叠状，展开后为心形，顶端短急尖，基部心形，长 1.2 ～ 2.5cm，边缘常有硬毛；聚伞花序，下面一枝仅有花 1 朵，具长 8mm 的梗，不孕；上面一枝有花 3 ～ 4 朵，具短梗，几乎不伸出佛焰苞。花梗在花期长仅 3mm，在果期弯曲，长不过 6mm；萼片膜质，长约 5mm，内面 2 枚常靠近或合生；花瓣深蓝色；内面 2 枚具爪，长近 1cm。蒴果椭圆形，长 5 ～ 7mm，2 室，2 爿裂，有种子 4 颗。种子长 2 ～ 3mm，棕黄色，一端平截、腹面平，有不规则窝孔。

生活习性

常见于农田、果园、沟边、路旁、林缘等湿润处，适应性强，常成一群落。花果期 6—10 月，种子繁殖。

89 荠 菜

概 况

荠菜 *Capsella bursa-pastoris*（L.）Medic.，也称荠，十字花科荠属，一年或二年生草本。

分布信息

全世界温带地区广泛分布。中国也广泛分布。

形态特征

荠菜

幼苗子叶椭圆形，无毛。下胚轴与上胚轴均不发达。初生叶2片，卵形，灰绿色，具柄，叶被有分枝的毛。后生叶互生，叶形变化很大。成株高20～50cm，茎直立或近直立，有分枝，被分枝毛、星状毛及单毛。基生叶莲座状，大头羽状分裂，偶有全缘，长10～12cm，宽约2.5cm，顶生裂片较大，侧生裂片较小，狭长，先端渐尖，浅裂或有不规则锯齿或近全缘，具长叶柄，茎生叶狭披针形，长1～2cm，宽约2mm，基部抱茎，边缘有缺刻或锯齿。总状花序顶生或腋生，果期伸出；花白色，萼片长圆形，花瓣卵形，长2～3mm，有短爪。短角果，倒三角形或倒心形，长5～8mm，

荠菜（成株期）（王泽民 摄）

宽 4～7mm，扁平，先端微凹，有极短的宿存花柱。种子 2 行，长椭圆形，长 1mm，淡棕褐色。

生活习性

生于农田、荒地和路边，喜欢湿润而肥沃的土壤，耐干旱。在华北主要危害春季作物。花果期 3—6 月。

90 地 黄

概 况

地黄 *Rehmannia glutinosa*（Gaert.）Libosch. ex Fisch. et Mey.，玄参科地黄属，多年生草本。

分布信息

主要分布于北京、河北、湖北、浙江、台湾、四川、广西等地。中国各地及国外均有栽培。

形态特征

体高 10 ～ 30cm，密被灰白色多细胞长柔毛和腺毛。根茎肉质，鲜时黄色，在栽培条件下，直径可达 5.5cm，茎紫红色。叶通常在茎基部集成莲座状，向上则强烈缩小成苞片，或逐渐缩小而在茎上互生；叶片卵形至长椭圆形，上

地黄（苗期）

地黄（花期）

面绿色，下面略带紫色或成紫红色，长 2 ～ 13cm，宽 1 ～ 6cm，边缘具不规则圆齿或钝锯齿以至牙齿；基部渐狭成柄，叶脉在上面凹陷，下面隆起。花具长 0.5 ～ 3cm 之梗，梗细弱，弯曲而后上升，在茎顶部略排列成总状花序，或全部单生叶腋而分散在茎上；萼长 1 ～ 1.5cm，密被多细胞长柔毛和白色长毛，具 10 条隆起的脉；萼齿 5 枚，矩圆状披针形或卵状披针形或三角形，长 0.5 ～ 0.6cm，宽 0.2 ～ 0.3cm，稀前方 2 枚各有开裂而使萼齿总数达 7 枚之多；花冠长 3 ～ 4.5cm；花冠筒多少弓曲，外面紫红色，被多细胞长柔毛；花冠裂片 5 枚，先端钝或微凹，内面黄紫色，外面紫红色，两面均被多细胞长柔毛，长 5 ～ 7mm，宽 4 ～ 10mm；雄蕊 4 枚；药室矩圆形，长约 2.5mm，宽约 1.5mm，基部叉开，而使两药室常排成一直线，子房幼时 2 室，老时因隔膜撕裂而成一室，无毛；花柱顶部扩大成 2 枚片状柱头。蒴果卵形至长卵形，长 1 ～ 1.5cm。

生活习性

花果期 4—7 月。生于海拔 50 ～ 1 100m 的砂质壤土、荒山坡、山脚、墙边、路旁等处。

91 蛇莓

概况

蛇莓 *Duchesnea indica*（Andr.）Focke，别名蛇果、地莓、小草莓、地杨梅、蛇不见、蛇果藤、蛇婆等，蔷薇科蛇莓属，多年生草本。

分布信息

全国各地都有分布。

形态特征

蛇莓

根茎短，粗壮；匍匐茎多数，长 30～100cm，有柔毛。小叶片倒卵形至菱状长圆形，长 2～3.5（5）cm，宽 1～3cm，先端圆钝，边缘有钝锯齿，两面皆有柔毛，或上面无毛，具小叶柄；叶柄长 1～5cm，有柔毛；托叶窄卵形至宽披针形，长 5～8mm。花单生于叶腋；直径 1.5～2.5cm；花梗长 3～6cm，有柔毛；萼片卵形，长 4～6mm，先端锐尖，外面有散生柔毛；副萼片倒卵形，长 5～8mm，比萼片长，先端常具 3～5 锯齿；花瓣倒卵形，长 5～10mm，黄色，先端圆钝；雄蕊20～30枚；心皮多数，离生；花托在果期膨大，海绵质，鲜红色，有光泽，直径10～20mm，外面有长柔毛。瘦果卵形，长约1.5mm，光滑或具不显明突起，鲜时有光泽。

生活习性

多野生于山坡、草地、路旁、沟边或田埂杂草中。花期6—8月，果期8—10月。

92 葎　草

概　况

葎草 *Humulus scandens*（Lour.）Merr，又称勒草、葛葎蔓、割人藤、拉拉藤、五爪龙、拉拉秧等，桑科葎草属，一年生或多年生缠绕草本。

分布信息

中国除新疆、青海外，其他各地均有分布。日本、越南也有分布。

形态特征

幼苗子叶线形，长 2 ~ 3cm，叶正面有短毛，无柄。下胚轴发达，微带红色，上胚轴不发达。初生叶 2 片，卵形，三裂，每裂片边缘具钝齿，有柄，叶

葎草（幼苗）

葎草（成株期）（王泽民　摄）

片与叶柄皆有毛。成株茎蔓生，茎和叶柄均密生倒钩刺。叶对生，叶片掌状5～7裂，直径7～10cm，裂片卵状椭圆形，叶缘具粗锯齿，两面均有粗糙刺毛，下面有黄色小腺点；叶柄长5～20cm。花单性，雌雄异株。雄花排列成长15～25cm的圆锥花序，花小，淡黄绿色，花被片和雄蕊各5。雌花排列成近圆形的穗状花序，腋生，每个苞片内有2片小苞片，每一小苞内都有1朵雌花，小苞片卵状披针形，被有短柔毛和黄色小腺点，花被片退化为全缘的膜质片，紧包子房；柱头2，红褐色。瘦果扁球形，淡黄色或褐红色，直径约3mm，被黄褐色腺点。

生活习性

生于沟边、路边、荒地及田间，通常群生，耐寒、抗旱、喜肥、喜光。3—4月间出苗，花期7—8月，果期9—10月。种子繁殖。

93 反枝苋

概 况

反枝苋 *Amaranthus retroflexus* L.，又称野苋菜、苋菜、西风谷，苋科苋属，一年生草本植物。

分布信息

原产美洲热带，在中国分布于黑龙江、吉林、辽宁、内蒙古、河北、山东、山西、河南、陕西、甘肃、宁夏、新疆。

形态特征

幼苗子叶长椭圆形，具柄；下胚轴发达，上胚轴不发达。初生叶互生，全缘，卵形，先端微凹；后生叶有毛，柄长。成株高 20 ～ 80cm，有时可达 1m；茎直立，粗壮，单一或分枝，淡绿色，有时带紫色条纹，稍具钝棱，密生短柔毛。叶片菱状卵形或椭圆状卵形，长 4 ～ 12cm，宽 2 ～ 5cm，顶端锐尖或尖凹，有小芒尖，基部楔形，全缘或波状缘，两面及边缘有柔毛。花序圆锥状，顶生和腋生，直立，由多数穗状花序组成，顶生花穗比侧生花穗长；苞片膜质，透明，钻形，长 4 ～ 6mm，白色，背面有 1 个龙骨状突起，伸出顶端成白色尖芒；花被片 5。雄蕊 5；柱头 3，有时 2，长刺锥状。胞果扁卵形，包裹在宿存的花被片内，长约 1.5mm，果实成熟时环状横裂。种子卵圆形，直径约 1mm，棕色或黑色，边缘钝，有光泽。

生活习性

喜湿润环境，亦耐旱，适应性强。为棉花、玉米等旱作作物及菜园、果园、荒地和路旁常见杂草。花期 7—8 月，果期 8—9 月。种子繁殖。

反枝苋

94 马齿苋

概况

马齿苋 *Portulaca oleracea* L.，又称马苋、五行草、长命菜、五方草、瓜子菜、麻绳菜、马齿菜、蚂蚱菜，马齿苋科马齿苋属，一年生草本。

分布信息

遍及全国各地。

形态特征

幼苗全株光滑无毛，稍带肉质。子叶卵形，具短柄；后生叶倒阔卵形，全缘，叶柄短。成株高 10 ～ 25cm。全株光滑无毛，肉质。茎平卧或斜倚，伏地铺散，多分枝，常带暗红色。叶互生，有时近对生，叶片扁平，肥厚，倒卵形，

马齿苋（整株）

马齿苋（叶）

似马齿状，长 1 ~ 3cm，宽 0.6 ~ 1.5cm，先端圆钝、截形或微凹，柄短，有时具膜质的托叶。花无梗，直径 4 ~ 5mm，常 3 ~ 5 朵簇生枝端，午时盛开；苞片 2 ~ 6，叶状，膜质，近轮生；萼片 2，对生，绿色，盔形，左右压扁，长约 4mm，顶端急尖，背部具龙骨状突起，基部合生；花瓣 5，稀 4，黄色，倒卵形，长 3 ~ 5mm，顶端微凹，基部合生；雄蕊通常 8，或更多，长约 12mm，花药黄色；子房无毛，花柱比雄蕊稍长，柱头 4 ~ 6 裂，线形。蒴果卵球形，长约 5mm，盖裂；种子细小，多数偏斜球形，黑褐色，有光泽，直径不及 1mm，具小疣状突起。

生活习性

为秋熟旱田作物的主要杂草，生于田间、地边、路旁、撂荒地，在土壤肥沃的蔬菜地和大豆、玉米田地危害严重，花期 5—8 月，果期 6—9 月。种子繁殖。

95 朝天委陵菜

概　况

朝天委陵菜 *Potentilla supina* L.，蔷薇科委陵菜属，又称伏委陵菜、仰卧委陵菜，一年生或二年生草本。

分布信息

分布于中国东北、内蒙古、新疆、河北、河南、甘肃、山西、陕西、山东、四川、安徽、江苏等地。北半球温带其他地区也有分布。

形态特征

成株高 10 ～ 50cm，茎平展或倾斜伸展，少有直立，多叉状分枝，疏生柔毛或脱落几无毛。单数羽状复叶；基生叶有小叶 7 ～ 13，小叶倒卵形或长圆形，长 0.6 ～ 3cm，宽 4 ～ 15mm，先端圆钝，基部宽楔形，边缘有缺刻状锯齿，上面无毛，下面微生柔毛或近无毛，具长柄；茎生叶与基生叶相似，有时为三出复叶，叶柄较短或近无柄，托叶草质，阔卵形，三浅裂。花单生于叶腋；花梗长 10 ～ 25mm，被柔毛；花黄色，花直径 6 ～ 8mm；萼片三角卵形，顶端急尖，副萼片长椭圆形或椭圆披针形，顶端急尖，比萼片稍长或近等长；花瓣黄色，5 片，倒卵形，顶端微凹，与萼片近等长或较短；花柱近顶生，基部乳头状膨大，花柱扩大。瘦果长圆形，先端尖，表面具 3 ～ 4 条横皱纹，约占瘦果的一半长。

朝天委陵菜

生活习性

生于路旁、水边、农田或荒地；为旱地、果园杂草，极为常见。花果期 4—9 月。种子繁殖。

96 铁苋菜

概况

铁苋菜 *Acalvpha australis* L.，又称海蚌含珠、榎草，大戟科铁苋菜属，一年生草本。

分布信息

我国除新疆外，大部分地区均有分布。朝鲜、日本、菲律宾、越南、老挝等国家也有分布。

形态特征

幼苗子叶出土，长圆形，先端平截，基部近圆形，具长柄；上下胚轴均发达：初生叶2片，对生，先端锐尖，叶缘钝齿状，基部近圆形，密生短柔毛，柄长。成株茎直立，高30～60cm。单叶互生，卵状披针形或长卵圆形，顶端短渐尖，基部楔形，基部三出脉明显，叶缘有钝齿，叶柄长1～3cm。穗状花序腋生；花单性，雌雄同株且同序。雄花：生于花序上部，排列呈穗状或头状，萼4裂，紫红色，雄蕊8枚，花药圆筒形，弯曲。雌花：位于花序下部，花萼3裂，子房球形，有毛，花柱3裂，全花包藏于三角状卵形

铁苋菜

铁苋菜（王泽民　摄）

至肾形的苞片，苞片靠合时形如蚌，边缘有细锯齿。蒴果小，钝三棱状，直径 3～4mm，3 室，每室有 1 粒种子。种子卵球形，灰褐色，长约 2mm。

生活习性

生于路边、农田、荒地和田埂上，为秋熟旱作作物田主要杂草，局部地区在豆田、玉米田和棉田为优势种。花期 7—8 月，果期 8—10 月。种子繁殖。

97 苘 麻

概 况

苘麻 *Abutilon theophrasti* Medicus，又称青麻、白麻、车轮草等，锦葵科苘麻属，一年生亚灌木状草本。

分布信息

全国各地均有分布，东北各地有栽培。国外见于越南、印度、日本，以及欧洲、北美洲等地区。

形态特征

幼苗全体被毛。子叶心形，长 1 ～ 1.2cm，先端钝，基部心形，具长叶柄；初生叶 1 片，卵圆形，先端钝尖，基部心形，叶缘有钝齿，叶脉明显。下胚轴发达。成株高 1 ～ 2 m，茎枝被柔毛。叶互生，圆心形，长 5 ～ 10cm，先端渐尖，边缘具细圆锯齿，两面均密被星状柔毛；叶柄长 3 ～ 12cm，也被星状细柔毛。花单生于叶腋，花梗长 1 ～ 3cm，被柔毛，近顶端具节；花萼杯状，密被短绒毛，裂片 5，卵形，长约 6mm；花黄色，花瓣 5，倒卵形，长约 1cm；雄蕊柱平滑无毛，心皮 15 ～ 20，排列成轮状，密被软毛。蒴果半球形，直径约 2cm，长约 1.2cm，分果爿 15 ～ 20，被粗毛，顶端具 2 个长芒；种子肾形，褐色，被星状柔毛。

生活习性

生于农田、路旁及荒地，喜较湿润而肥沃的土壤，原为栽培植物，后逸为野生。主要危害玉米、棉花、豆类、蔬菜等作物。花期 6—8 月，果期 8—9 月。种子繁殖。

苘麻

98 田旋花

概　况

田旋花 *Convolvulus arvensis* L.，又称中国旋花、剑叶旋花、小旋花，旋花科旋花属，多年生缠绕草本。

分布信息

分布于东北、华北、西北及山东、江苏、河南、四川、西藏等地。

形态特征

幼苗上、下胚轴均发达，叶子近方形，先端微凹，基部截形，长约 1cm，有柄，叶脉明显。初生叶 1 片，近矩圆形，先端圆，基部两侧稍向外突出成矩，有叶柄。成株茎蔓生或缠绕，具条纹或棱角，上部有疏柔毛，叶互生，戟形或箭形，长 2.5 ～ 6cm，宽 1 ～ 3.5cm，全缘或 3 裂，中裂片大，卵状椭圆形至披针状长圆形，先端近圆或有小突尖头，侧裂片开展，戟形或呈耳形，微尖，叶柄长 1 ～ 2cm，约为叶片的 1/3。花序腋生，1 ～ 3 朵，花梗长 3 ～ 8cm，苞片 2，线形，与萼远离；萼片 5，倒卵状圆形，无毛或被疏毛，缘膜质，宿存。花冠漏斗形，粉红色、白色，长约 2cm，先端 5 浅裂；雄蕊 5，花丝基部具鳞毛；子房 2 室，柱头 2 裂，线形。蒴果卵状球形或圆锥形。种子 4，卵圆形，无毛，黑褐色。

田旋花

生活习性

旱田常见杂草，荒地、路旁亦极常见，常成片生长。主要危害小麦、棉花、豆类、玉米、蔬菜及果树等。花期 5—8 月，果期 6—9 月，地下茎或种子繁殖。

99 打碗花

概 况

打碗花 *Calystegia hederacea* Wall ex Roxb.，又称小旋花、面根藤、狗儿蔓、斧子苗、喇叭花，旋花科打碗花属，多年生蔓性草本。

分布信息

中国各地均有分布。国外东非埃塞俄比亚和东南亚等地也有分布。

形态特征

幼苗粗壮，下胚轴发达，上胚轴不发达，光滑无毛。子叶近方形，长约1cm，先端微凹，基部近截形，有长柄。初生叶1片，阔卵形，先端钝圆，基部耳垂形，全缘，叶柄与叶片几乎等长。成株地下具白色横走根茎，粗壮。茎蔓生性，缠绕或匍匐分枝，具细棱。叶互生，具长柄。基部叶片长圆形，全缘，长1.5～4.5cm，先端钝圆，基部心形。上部叶片3裂，中裂片披针形或卵状三角形，顶端钝尖，基部心形，侧裂片戟形，开展，通常二裂，两面无毛。花单生于叶腋，花梗具角棱，长于叶柄，苞片2，宽卵形，包住花萼，宿存；萼片5，长圆形，略短于苞片，宽具小突尖；花冠漏斗状，粉红色或淡紫色，长2～2.5cm，雄蕊5，花丝基部膨大，具小鳞毛；子房2室，柱头2裂，扁平。蒴果卵球形，光滑，与宿存萼片等长或稍短。种子黑褐色，表面有小疣。

打碗花

生活习性

生于农田、路旁、林缘或荒地，常形成优势群落，为旱田常见恶性杂草。花期5—9月，果期8—10月。种子或根状茎繁殖。

100 圆叶牵牛

概　况

圆叶牵牛 *Ipomoea purpurea* L.，又称圆叶旋花、小花牵牛，旋花科番薯属，一年生缠绕草本。

分布信息

原产地为南美洲，广泛分布于中国各地。

形态特征

幼苗粗壮，上胚轴不发达，下胚轴发达。子叶近方形，长约 2cm，先端深凹缺刻几达叶片中部，基部心形，叶脉明显，具柄且被短硬毛。初生叶 1 片，卵圆状心形，先端渐尖，基部心形；叶片及叶柄均被长绒毛。成株茎缠绕，多分枝。全株被倒向的短柔毛杂，有倒向或开展的长硬毛。叶互生，卵圆形，先端尖，基部心形，全缘，长 4 ～ 18cm，宽 3.5 ～ 16.5cm，叶柄长 4 ～ 9cm。花序腋生，有花 1 ～ 5 朵，为伞形聚伞花序，总花梗长 4 ～ 12cm，被毛与茎相同，结果时上部膨大；苞片 2，条形，萼片 5，卵状披针形，长 1 ～ 1.5cm，先端尖锐，基部有粗硬毛；花冠漏斗状，直径 4 ～ 5cm，紫色、淡红色或白色，先端 5 浅裂；雄蕊 5，不等长，花丝基部被毛；子房 3 室，每室 2 胚珠，柱头头状，3 裂。蒴果近球形，无毛，直径 9 ～ 10mm，3 瓣裂。种子卵状三棱形，长约 5mm，黑褐色或米黄色，表面粗糙。

生活习性

生于田边、路旁、平原、山谷和林内。我国各地均有栽培，作庭园观赏或作绿篱，有时侵入农田或果园。6—9 月开花，9—10 月为结果期。种子繁殖。

圆叶牵牛

101 裂叶牵牛

概况

裂叶牵牛 *Zpomoea nil*（Linnaeus）Roth，又名喇叭花、黑白丑，旋花科番薯属，一年生缠绕性草本。

分布信息

原产于热带美洲。除我国东北、西北地区外其他各地均有分布，有些地方栽培供观赏。

形态特征

幼苗粗壮，上胚轴不发达，下胚轴发达。子叶近方形，长约2cm，先端深凹缺刻几达叶片中部，基部心形，叶脉明显，具柄且被短硬毛。初生叶1片，3裂，中裂片大，先端渐尖，基部心形，叶片及叶柄均被长绒毛。成株全株被粗硬毛；茎缠绕，多分枝；叶互生，具柄；叶柄长5～15cm，被毛；叶片宽卵形，长8～15cm，宽4.5～14cm，长3裂，中裂片长圆形或卵圆形，渐尖或骤尖，侧裂片较短，三角形，裂口锐或圆，叶面被微硬的柔毛。花序腋生，有花1～3朵，总花梗略短于叶柄，萼片5，披针形，先端尾长尖。花冠漏斗状，白色、蓝紫色或紫红色，花冠管色淡，花冠长5～8cm，顶端5浅裂，雄蕊5；子房3室，柱头头状。蒴果近球形，直径0.8～1.3cm，3瓣裂。种子5～6颗，卵状三棱形、黑褐色或米黄色。

裂叶牵牛

生活习性

生于田边、路旁、河谷、宅园、果园、山坡等，适应性很广；部分果园、苗圃受害较重。花期6—9月，果期7—10月。种子繁殖。

102 曼陀罗

概 况

曼陀罗 *Datura stramonium* L.，又称曼荼罗、满达、曼扎、曼达、醉心花、狗核桃、洋金花、枫茄花、万桃花、闹羊花、山茄子、老鼠它舅、臭麻子，茄科曼陀罗属，多为一年生草本，有时为亚灌木。

分布信息

广泛分布于全球温带至热带地区，中国各地均有分布。

形态特征

幼苗全株被毛，子叶披针形，大型，长约2.2cm，宽约0.5cm，先端渐尖，基部楔形；具短叶柄。初生叶1片，长卵形或广披针形，长约2cm，宽约0.8cm，全缘，具短柄，上胚轴不发达，下胚轴发达。成株高0.5～1.5m，全体近于平滑或在幼嫩部分被短柔毛。茎粗壮，圆柱状，淡绿色，下部木质化。下部叶互生，上部呈对生状，叶片卵形或宽卵形，顶端渐尖，基部不对称楔形，有不规则波状浅裂，裂片三角形，有时有疏齿，脉上有疏短柔毛；叶柄长3～5cm，叶长8～17cm，宽4～12cm。花单生于枝杈间或

曼陀罗（幼苗）

曼陀罗

叶腋，直立，有短梗；花萼筒状，长 4 ～ 5cm，筒部有 5 棱角，两棱间稍向内陷，基部稍膨大，顶端紧围花冠筒，5 浅裂，裂片三角形，花后自近基部断裂，宿存部分随果实而增大并向外反折；花冠漏斗状，下半部带绿色，上部白色或淡紫色，檐部 5 浅裂，裂片有短尖头，长 6 ～ 10cm，檐部直径 3 ～ 5cm；雄蕊 5，不伸出花冠，花丝长约 3cm，花药长约 4mm；子房卵形，不完全 4 室，密生柔针毛，花柱长约 6cm。蒴果直立，卵状，长 3 ～ 4.5cm，直径 2 ～ 4cm，表面生有坚硬针刺，或稀疏无刺而近平滑，成熟后淡黄色，规则 4 瓣裂。种子卵圆形，稍扁，长约 4mm，黑色，略有光泽，表面具粗网纹和小凹穴。

生活习性

生于山坡向阳处，为旱地、果园、荒地、路旁杂草。花期 6—10 月，果期 7—11 月。种子繁殖。

103 车 前

概 况

车前 *Plantago asiatica* L.，又称车前草、车前子、五根草、车轮菜、车轱辘菜，车前科车前属，多年生草本植物。

分布信息

分布几乎遍及全国。俄罗斯、日本、印度尼西亚也有分布。

形态特征

幼苗上、下胚轴均不发达。子叶长椭圆形；初生叶1片，椭圆形至长椭圆形，先端锐尖，基部渐狭至柄，柄较长，主脉明显，叶片及叶柄皆被短毛；后生叶与初生叶相似。成株高20～60cm，须根，无茎，叶基生，直立，卵形或宽卵形，长4～15cm，宽3～9cm，先端圆钝，边缘近全缘，波状或有疏齿至弯缺，两面无毛或有短柔毛，具弧形脉5～7条，叶柄长2～10cm，基部扩大成鞘。花葶数个，直立，长20～45cm，被短柔毛；穗状花序占上端1/3～1/2，花疏生，绿白色或淡绿色；苞片宽三角形，较萼片短，二者均有绿色宽龙骨状突起；花萼裂片倒卵状椭圆形或椭圆形，长2～2.5mm，有短柄；花冠裂片披针形，长约1mm，先端渐尖，反卷。蒴果，椭圆形，长2～4mm，周裂，种子5～8粒，长圆形，长约1.5mm，黑棕色，腹面明显平截，表面具皱纹状小突起，无光泽。

生活习性

生于潮湿的农田、路边、沟旁、田边、荒地及庭院中。部分秋作物田较多，危害较重。花果期6—10月。种子繁殖。

车前（A：苗期；B：成株期）

104 苍 耳

概 况

苍耳 *Xanthium strumarium* L.，也称葈耳、粘头婆、虱马头、苍耳子、老苍子、野茄子、敝子、道人头、刺八裸、苍浪子、绵苍浪子、青棘子等，菊科苍耳属，一年生草本。

分布信息

全国各地均有分布。俄罗斯、伊朗、印度、朝鲜和日本也有分布。

形态特征

成株高 50 ～ 100cm，根纺锤状，茎直立不分枝或少有分枝，下部圆柱形，直径 4 ～ 10mm，上部有纵沟，被灰白色糙伏毛。叶互生，具长柄；叶片三角状卵形或心形，长 4 ～ 10cm，宽 5 ～ 10cm，先端尖锐或稍钝，基部近心形或截形，叶缘有缺刻几乎不规则的粗锯齿，两面被贴生的糙伏毛，基 3 出脉，叶柄长 3 ～ 11cm。头状花序腋生或顶生，花单性，雌雄同株；雄花序球形，直径 4 ～ 6mm，近无梗，密生柔毛，集生于花轴顶端；雌头状花序生于叶腋，椭圆形，外层总苞片小，长约 3mm，分离，披针形，被短柔毛，内层总苞片结合成囊状外生钩状刺，先端具 2 喙，内含 2 花，无花瓣，花柱分枝丝状。聚花果宽卵形或椭圆形，长 12 ～ 15mm，宽 4 ～ 7mm，外面有 1 ～ 1.5mm 钩状刺，淡黄色或浅褐色，坚硬，顶端有 2 喙；聚花果内有 2 个瘦果，倒卵形，长约 1cm，灰黑色。

生活习性

多生于旱作物田、果园、路旁、荒地、低丘等稍潮湿的环境，在田间多为单生，在果园、荒地多成群生长。7—8 月开花，8—9 月为果期。种子繁殖。

苍耳（A：幼苗；B：成株期）

105 萝 藦

概 况

萝藦 *Cynanchum rostellatum*（Turcz.）Liede & Khanum，又名芄兰、斫合子、白环藤、羊婆奶、羊角、天浆壳、蔓藤草、奶合藤、土古藤、浆罐头、奶浆藤等，夹竹桃科鹅绒藤属，多年生草质缠绕藤本。

分布信息

分布于东北、华北、华东，以及甘肃、陕西、贵州、河南、湖北等地。在日本、朝鲜和俄罗斯亦有分布。

形态特征

幼苗上、下胚轴都很发达。子叶长椭圆形，全缘，具叶柄。初生叶 2 片，对生，卵形，具长柄；后生叶与初生叶相似。成株全体含乳汁。地下具横走根状茎，黄白色。茎缠绕，长可达 2m 以上，幼时密被短柔毛。叶对生，卵状心形，两面无毛，叶背面粉绿或灰绿色；具柄，顶端丛生腺体。总状式聚伞花序腋生；总花梗长 6 ～ 12cm；花蕾圆锥状；萼片 5 裂，裂片披针形，被柔毛；花冠白色，有淡紫红色斑纹，近辐状，5 裂，裂片披针形，顶端反折，内面被柔毛；副花冠环状，5 短裂，生于合蕊冠上；柱头延伸成长喙，长于花冠，顶端 2 裂。蓇葖果长卵形，角状，长约 10cm，宽约 3cm；种子褐色，顶端具白色种毛。

生活习性

多生于河边、路旁、灌丛和荒地等潮湿环境，亦耐干旱。为果园、茶园及桑园的杂草，也是旱作物地边杂草，有时作物受害较重。花期 7—8 月，果期 9—12 月。根状茎与种子繁殖。

萝藦（A：幼苗；B：花果期）

106 刺儿菜

概　况

刺儿菜 *Cirsium arvense* var. *integriform*，又称小蓟、青青草、蓟蓟草、刺狗牙、刺蓟、枪刀菜、小恶鸡婆等，菊科蓟属，多年生草本。

分布信息

全国均有分布。朝鲜、日本也有分布。

形态特征

成株高 30 ～ 50cm。地下有直根，并有水平生长产生不定芽的根。茎直立，幼茎被白色蛛丝状毛，有棱。单叶互生，缘具刺状突，基生叶早落，下部和中部叶椭圆形或椭圆状披针形，长 7 ～ 10cm，宽 1.5 ～ 2.2cm，顶端短尖或钝，基部窄狭或钝圆，近全缘或有疏锯齿，无叶柄，叶正面绿色，背面淡绿色，两面有疏密不等的白色蛛丝状毛，幼叶尤为明显。雌雄异株，头状花序单生茎端，雄株头状花序小，雌株头状花序较大，总苞叶多层，外层很短，中层以内先端长渐尖，具刺；花冠紫红色，雄花花冠长 15 ～ 20mm，其中花冠裂片长约 5mm，雌花花冠长约 25mm，其中裂片长约 5mm，花药紫红色，雌花退化雄蕊存在，长约 2mm。瘦果椭圆形或长卵形，略扁，表面淡黄色至褐色，有波状横皱纹，每面有 1 条明显的纵脊；顶端截形。冠毛白色，羽毛状，脱落性。

生活习性

多发生于土壤疏松的干旱性田地，为麦、玉米、棉、豆和甘薯田的主要杂草，在麦类生长后期和棉、豆等生长早期，危害较重。花果期 5—6 月。不定芽或种子繁殖。

刺儿菜

107 刺果藤

概　况

刺果藤 *Byttneria grandifolia* Candolle，又名刺瓜藤、刺果瓜，梧桐科刺果藤属，一年生大型草本。

分布信息

刺果藤起源于美国东北部，目前分布于美国、加拿大、墨西哥、澳大利亚、法国、德国、匈牙利、意大利等国家。日本、韩国等亚洲国家也有分布。国内为检疫性有害杂草，北京、山东、辽宁、四川、台湾、广东、云南等地曾有侵入玉米田的现象。

形态特征

成株茎细长，通常为 4 ～ 6m，茎上具有棱槽，密被白色柔毛，具有卷须。叶片圆形或卵圆形，叶片形状似黄瓜叶，3 ～ 5 浅裂，两面微粗糙被短柔毛，叶柄长，密被白色柔毛；花雌雄同株，雄花排列成总状花序或头状聚伞花序，花萼 5，披针形至锥形，花冠 5 裂，花冠直径 0.9 ～ 1.4cm，白色至浅黄绿色，裂片三角形，雌花较小，花暗黄色，无柄，聚成头状；果实长卵圆形，3 ～ 20 个簇生，密被白色柔毛与黄褐色细长刺。内含种子 1 粒，种子椭圆形或近圆形，扁平，灰褐色或灰黑色。

生活习性

刺果瓜适应性强，喜背阴环境，在低矮林间、低地、田间等背阴或不背阴的环境中都能生存，可侵入农田，可缠绕高大乔木如杨树、柳树等。花果期 6—10 月。种子繁殖。

刺果藤（A：叶；B：果）

108 马 唐

概 况

马唐 *Digitaria sanguinalis*（L.）Scop.，禾本科马唐属，一年生草本植物。

分布信息

分布于全国各地，秦岭、淮河以北地区发生大，长江流域、西南、华南也都有大量发生和危害。全球温热带地区广为分布。

形态特征

成株秆丛生，基部展开或倾斜，着土后节易生根或具分枝，光滑无毛。叶鞘松弛抱茎，大部短于节间，多少疏生疣基软毛，稀可无毛，叶舌膜质，黄棕色，先端钝圆，叶片线状披针形，两面疏生软毛或无毛。总状花序 3 ～ 10 个，上部者互生或呈指状排列于茎顶，下部者近于轮生，穗轴中肋白色，翼绿色，小穗披针形，通常孪生，一具长柄，一具极短的柄或几无柄，第一颖微小，钝三角形，第二颖狭窄，具不明显的 3 脉，边缘具纤毛，第一小花具明显的 5 ～ 7 脉，中部的脉更明显，脉间距离较宽而无毛，边缘具纤毛，第二小花色淡绿。带稃颖果，第二颖边缘具纤毛，第一外稃侧脉无毛或脉间贴生柔毛。颖果椭圆形，长约 3mm，淡黄色或灰白色，脐明显，圆形，胚卵形，长约颖果的 1/3。

生活习性

生于农田、路旁、荒地、草丛等处，为秋熟旱作田恶性杂草。花果期 6—11 月。种子繁殖。

马唐

109 狗尾草

概 况

狗尾草 *Setaria viridis*（L.）Beauv.，又称谷莠子、莠、狗尾巴草，禾本科狗尾草属，一年生草本。

分布信息

原产欧亚大陆的温带和暖温带地区，现广布于全世界的温带和亚热带地区。中国各地均有分布。

形态特征

成株高 20 ～ 60cm，秆丛生、直立或倾斜，基部偶有分枝。叶片线状披针形，顶端渐尖，基部圆形，长 6 ～ 20cm，宽 2 ～ 18mm；叶舌膜质，长 1 ～ 2mm，具毛环。圆锥花序紧密，呈圆柱状，长 2 ～ 10cm，直立或微倾斜，小穗长 2 ～ 2.5mm，2 枚至数枚成簇生于缩短的分枝上，基部有刚毛状小枝 1 ～ 6 条，成熟后与刚毛分离而脱落；第一颖长为小穗的 1/3，具 1 ～ 3 脉；第二颖与小穗等长或稍短，具 5 ～ 6 脉，第一小花外稃与小穗等长，具 5 脉，第二小花外稃较第一小花外稃为短，有细点状皱纹，成熟时背部稍隆起，边缘卷抱内稃。颖果近卵形，腹面扁平，脐圆形，乳白色带灰色，长 1.2 ～ 1.3mm，宽 0.8 ～ 0.9mm。

狗尾草

生活习性

生于农田、荒野、路边等，为秋熟旱作地主要杂草之一，耕作粗放地尤为严重，在玉米、大豆、谷子、高粱、马铃薯、甘薯等作物田，以及果园、桑园、茶园危害尤为严重。花果期 6—9 月。种子繁殖。

110 虎尾草

概 况

虎尾草 *Chloris virgata* Sw.，又名棒锤草，禾本科虎尾草属，一年生草本。

分布信息

我国各地均有分布，全球温带至热带地区广泛分布。

形态特征

幼苗第1片叶长6～8mm，叶片下面多毛，叶鞘边缘膜质，有毛，叶舌极短。植物幼时铺散成盘状。成株丛生，秆直立或基部膝曲，高12～75cm，直径1～4mm，光滑无毛。叶鞘背部具脊，包卷松弛，无毛；叶舌长约1mm，无毛或具纤毛；叶片线形，长3～25cm，宽3～6mm，两面无毛或边缘及上面粗糙。穗状花序4枚至10余枚簇生茎顶，长1.5～5cm，指状排列，常直立而并拢成毛刷状，成熟时常带紫色；小穗无柄，长约3mm，排列于穗轴的一侧，含2小花，第二小花不孕较小。颖膜质，1脉；第二颖有短芒，第一外稃具3脉，二边脉上密生长柔毛，生于上部的毛约与外稃等长，芒自顶端的下部伸出，芒长4～8mm。颖果纺锤形，

虎尾草（成株期）

虎尾草

淡黄色，光滑无毛而半透明，胚长约为颖果的 2/3。

生活习性

适生于向阳地带，并多见于沙质地，常群生。花期 6—7 月，果期 7—9 月，种子繁殖。

111 稗

概　况

稗 *Echinochloa crus-galli*（L.）P. Beauv.，又称稗草、稗子，禾本科稗属，一年生草本。

分布信息

原产欧洲和印度，为全球性的恶性杂草。全国各地均有分布。

形态特征

成株秆光滑无毛，高 40 ～ 120cm。叶条形，无叶舌。圆锥花序尖塔形，较开展，粗壮，直立，长 14 ～ 18cm，主轴具棱，分枝 10 ～ 20 个，基部被有疣基硬刺毛，分枝为穗形总状花序，并生或对生于主轴，上斜举或贴生，下部的排列稍疏离，上部的密接，小枝上有小穗 4 ～ 7 个，密集于穗轴的一侧，脉上被疣基刺毛；第一颖三角形，具 3 或 5 脉，第二颖有长尖头，具 5 脉，与第一小花的外稃近等长；第一花之外稃具 5 ～ 7 脉，先端延伸成 0.5 ～ 3cm 的芒，内稃与外稃近等长，膜质透明；第二小花外稃平突状，椭圆形，花长 2.5 ～ 3mm，平滑光亮，成熟后变硬，顶端具小尖头，边缘内卷，紧包内稃，顶端露出。颖果椭圆形，长 2.5 ～ 3.5mm，突面有纵脊，黄褐色。

生活习性

生于水田、田边、菜园、茶园、果园、苗圃及村落住屋周围。与水稻的伴生性强，为水稻田危害最严重的恶性杂草。也发生于潮湿旱地，危害玉米、大豆等秋熟旱地作物。花果期 6—8 月。种子繁殖。

稗

112 牛筋草

概况

牛筋草 *ELeusine indica*（L.）Gaertn.，又称千千踏、蟋蟀草、野鸡爪、粟牛茄草，禾本科䅟属，一年生草本。

分布信息

分布几乎遍及全国，但以黄河流域和长江流域及其以南地区发生普遍。广布于世界温暖地区。

形态特征

成株高 15 ～ 90cm。须根较细而稠密，为深根性，不易整株拔起。秆丛生，基部倾斜向四周开展。叶鞘压扁，有脊，无毛或生疣毛，鞘口常有柔毛，叶舌长约 1mm，叶片扁平或卷折，长可达 15cm，宽 3 ～ 5mm，无毛或表面常被疣基柔毛。穗状花序 2 枚至数枚呈指状簇生于秆顶，小穗含 3 ～ 6 小花，颖披针形，有脊，脊上粗糙，颖革质，具 5 脉，第一外稃长 3 ～ 3.5mm，有脊，脊上有狭翼，内稃短于外稃，脊上有小纤毛。子实囊果，果皮薄膜质，白色，内包种子 1 粒，种子呈三棱状长卵形或近椭圆形，长 1 ～ 1.5mm，宽约 0.5mm，黑褐色，表面具隆起的波状皱纹，纹间有细而密的横纹，背面显著隆起成脊，腹面有浅纵沟。

牛筋草（王泽民　摄）

生活习性

生于荒地、田间、路旁，为秋熟旱作田危害较重的恶性杂草。花果期 6—10 月。种子繁殖。

113 抱茎苦荬菜

概　况

抱茎苦荬菜 *Ixeridium sonchifolium*（Maxim.）Shih，又称苦碟子、抱茎小苦荬、苦荬菜，菊科小苦荬属，多年生草本。

分布信息

中国辽宁、河北、山西、内蒙古、陕西、甘肃、山东、江苏、浙江、河南、湖北、四川、贵州等地均有分布。朝鲜及俄罗斯远东地区也有分布。

形态特征

成株茎高 15 ～ 60cm，根状茎极短。茎单生，直立，全部茎枝无毛。基生叶莲座状，匙形、长倒披针形或长椭圆形，或小分裂，边缘有锯齿。顶端圆形或急尖，或大头羽状深裂，顶裂片大，侧裂片 3 ～ 7 对，边缘有小锯齿；中下部茎生叶长椭圆形、匙状椭圆形、倒披针形或披针形，羽状浅裂或半裂，向基部扩大，心形或而耳状抱茎；上部茎叶及接花序分枝处的叶心状披针形，边缘全缘，顶端渐尖，向基部心形或圆耳状扩大抱茎；全部叶片两面无毛。头状花序多数或少数，在茎枝顶端排成伞房花序或伞房圆锥花序，含舌片小花约 17 枚。总苞圆柱形，总苞片 3 层；全部总苞片外面无毛。舌状小花黄色。瘦果黑色，纺锤形，有 10 条隆起的钝肋，上部沿肋有上指的小刺毛，向上渐尖成细喙，喙细丝状。冠毛白色，微糙毛状。

抱茎苦荬菜

生活习性

生于山坡或平原路旁、林下、河滩地、岩石上或庭院中，有时入侵农田边缘，一般情况下危害不大。花期 4—5 月，果期 5—6 月。种子繁殖。

114 龙　葵

概　况

龙葵 *Solanum nigrum* L.，又称野海椒、野茄秧、老鸦眼子，茄科茄属，一年生直立草本植物。

分布信息

中国各地均有分布。欧洲、亚洲、美洲的温带至热带地区广布。

形态特征

幼苗下胚轴极发达，密被混杂毛，上胚轴极短。子叶阔卵形，具长柄。初生叶 1 片，阔卵形，先端钝状，叶基圆形。后生叶与初生叶相似。成株粗壮，株高 30 ～ 100cm，茎直立，多分枝，绿色或紫色，近无毛或被微柔毛。叶卵形，长 2.5 ～ 10cm，宽 1.5 ～ 5.5cm，先端短尖，叶基楔形至阔楔形而下延至叶柄，全缘或具不规则的波状粗齿，光滑或两面均被稀疏短柔毛。短蝎尾状聚伞花序腋外生，通常着生 4 ～ 10 朵花，花萼杯状，绿色，5 浅裂，花冠白色，辐状，5 深裂，裂片卵圆形，长约 2mm；花丝短，花药黄色，顶孔向内，子房卵形，花柱中部以下被白色绒毛，柱头小，头状。浆果球形，直径约 8mm，成熟时黑色，种子近卵形，两侧压扁，长约 2mm，淡黄色，表面略具细网纹及小凹穴。

龙葵（苗期）

龙葵（花果期）

生活习性

喜生于田边、荒地及村庄附近，为棉花、玉米、大豆、甘薯、蔬菜等作物田和路埂常见杂草，发生量小，危害一般。花果期 9—10 月。种子繁殖。

115 长芒苋

概况

长芒苋 *Amaranthus palmeri* S. Watson，苋科苋属，一年生草本。

分布信息

原产于美国西部至墨西哥北部。瑞士、瑞典、日本、澳大利亚、德国、法国、丹麦、挪威、芬兰、英国、澳大利亚等国也有分布。中国仅见于北京市。

形态特征

株高可达近 3m，雌雄异株。茎直立，粗壮，绿黄色或浅红褐色，无毛或上部散生短柔毛。分枝斜展至近平展。叶片无毛，卵形至菱状卵形，先端钝、急尖

长芒苋

或微凹，常具小突尖，叶基部楔形，略下延，叶全缘，侧脉每边 3 ～ 8 条。叶柄长，纤细。穗状花序生于茎顶和侧枝顶端，直立或略弯曲，生于叶腋者较短，花序长者可达 60cm 以上。苞片先端芒刺状，长 4 ～ 6mm；雄花苞片下部约 1/3 具宽膜质边缘，雌花苞片下半部具狭膜质边缘。雄花花被片 5，极不等长，长圆形，先端急尖，最外面的花被片长约 5mm，中肋粗，雄蕊 5，短于内轮花被片。雌花花被片 5，稍反曲，极不等长，最外面一片倒披针形，长 3 ～ 4mm，先端急尖，中肋粗壮，先端具芒尖。其余花被片匙形，长 2 ～ 2.5mm，先端截形至微凹，上部边缘啮蚀状，芒尖较短。花柱 2 ～ 3。胞果近球形，长 1.5 ～ 2mm，果皮膜质，上部微皱，周裂，包藏于宿存花被片内。

生活习性

常生于田野、路埂和宅旁。喜湿润环境，亦耐旱；危害棉花、大豆、甘薯、玉米和蔬菜，在果园和苗圃也常有发生。花期 7—8 月，果期 8—9 月。种子繁殖。

116 酸模叶蓼

概况

酸模叶蓼 *Persicaria lapathifolia*（L.）S. F. Gray，又称大马蓼、旱苗蓼、斑蓼、柳叶蓼，蓼科蓼属，一年生草本。

分布信息

分布于中国东北、河北、山西、河南及长江中下游以南地区。朝鲜、日本、印度、俄罗斯远东地区及北美太平洋沿岸也有分布。

形态特征

幼苗下胚轴发达，深红色，上胚轴欠发达。子叶长卵形，长约1cm，叶背

酸模叶蓼

酸模叶蓼

紫红色；初生叶 1 片，长椭圆形，无托叶鞘；后生叶具托叶鞘。叶上面具黑斑，叶背被绵毛。成高 30 ～ 120cm。茎直立，有分枝，无毛。茎和叶上常有新月形黑褐色斑点。叶互生，披针形或宽披针形，长 5 ～ 12cm，宽 1.5 ～ 3cm，叶面绿色，全缘，叶缘及主脉覆粗硬毛，具柄，柄上有短刺毛；托叶鞘筒状，膜质，脉纹明显，无毛。穗状花序，数个花序排列成圆锥状；苞片膜质，边缘生稀疏短睫毛；花被 4 深裂，裂片椭圆形，淡绿色或粉红色；雄蕊 6，花柱 2，向外弯曲。瘦果，圆卵形，扁平，两面微凹，长 2 ～ 3mm，宽约 1.4mm，红褐色至黑褐色，有光泽，包于宿存的花被内。

生活习性

适应性较强，生长在农田、路旁湿地、沟渠、水边和田边。4—5 月出苗，花果期 4—9 月，多次开花结实。种子繁殖。

参考文献

北京市通州区植物保护站，2015. 常见杂草系统识别图谱［M］. 北京：中国农业科学技术出版社 .

车晋滇，1990. 农田杂草彩色图谱［M］. 北京：中国科学技术出版社 .

郭井菲，静大鹏，太红坤，等，2019. 草地贪夜蛾形态特征及与 3 种玉米田为害特征和形态相近鳞翅目昆虫的比较［J］. 植物保护，45（2）：7–12.

李飞，吴青君，徐宝云，等，2012. 北京地区发现番茄斑萎病毒［J］. 植物保护，38（6）：186–188.

李金堂，默书霞，杨子亮，等，2013. 菠菜霜霉病的识别及防治［J］. 长江蔬菜，15：40.

李明远，陈东亮，李雪梅，等，2018. 北京蔬菜上的几种番茄斑萎病毒［J］. 农业工程技术（温室园艺），38（7）：59–61.

刘微，刘淑艳，李玉，等，2009，番茄白粉病的病原菌鉴定［J］. 植物病理学报，39（1）：11–15.

罗来鑫，赵廷昌，李健强，等，2004. 番茄细菌性溃疡病研究进展［J］. 中国农业科学，8：1 144–1 150.

潘秀美，夏玉堂，1994. 葱黄寡毛跳甲生活习性研究［J］. 昆虫知识，31（2）：109.

沈钰森，王建升，盛小光，等，2021. 十字花科植物黑斑病的研究进展［J］. 核农学报，35（3）：623–634.

石宝才，宫亚军，魏书军，2018. 蔬菜近似害虫识别图鉴［M］. 北京：中国农业出版社 .

石宝才，宫亚军，朱亮，等，2014. 茶黄螨的识别与防治［J］. 中国蔬菜，4：66-67.

王科，刘芳，蔡磊，2022. 中国农业植物病原菌物常见种属名录［J］. 菌类学报，41（3）：361–386.

魏亚东，1996. 番茄溃疡病［J］. 天津农林科技，4：42–43.
杨帆，刘万学，张国安，等，2011. 西花蓟马传播番茄斑萎病毒研究进展［J］. 环境昆虫学报，2：241–249.
张桂芬，张毅波，冼晓青，等，2022. 新发重大农业入侵害虫番茄潜叶蛾的发生为害与防控对策［J］. 植物保护，48（4）：51–58.
张涛，王步云，万敏，2019. 常见作物主要病虫害防治实用技术手册［M］. 北京：中国农业科学技术出版社.
张智，张云慧，2021. 麦田害虫及天敌图鉴［M］. 北京：中国农业科学技术出版社.
郑建秋，2004. 现代蔬菜病虫鉴别与防治手册［M］. 北京：中国农业出版社.
中国农业科学院植物保护研究所，中国植物保护学会，2015. 中国农作物病虫害（第三版）［M］. 北京：中国农业出版社.
庄小丽，杨友辉，2015. 不同茬口下秋椒白粉病的为害特点与防治［J］. 长江蔬菜，11：55–56.